ヒグマは見ている

道新クマ担記者が追う

内山岳志著／北海道新聞社編

北海道新聞社

はじめに

ヒグマ増殖中!?

「みなさんは野生のヒグマを見たことってありますか?」

いろいろな取材の場で、こんな質問をぶつけています。私が北海道新聞社の記者になった2000年代は、道民でも「見たことがない」という人がほとんどで、登山や自然撮影が好きな一部の人だけが拝める貴重な野生動物でした。私も山中で初めて見たのは、道東の中標津支局員時代に知床・羅臼岳の登山中で、向かいの斜面を横切るところでした。ハイマツの斜面をガシガシと難なく進む姿にたくましさを感じたのを覚えています。それが最近では、札幌市内でも「見たことある」という人が結構いることに驚かされます。

2018年、ヒグマのいないはずの道北の利尻島にヒグマが上陸するという事件が起こりました。1912年（明治45年）以来106年ぶりの珍事です。しかし翌年には、山と隣接していない道立野幌森林公園（江別市、北広島市、札幌市厚別区）に78年ぶりにヒグマが侵入。2021年には札幌市東区の住宅街に現れ、住民ら4人に重軽傷を負わせる前代未聞の人身事故が発生しました。山のない東区で人が襲われるのは、1878年（明治11年）以来143年ぶりです。

こうしたニュースを取材しているうちに、私の中で一つの仮説が浮かびました。「もしかしたら明治期以降、いやそれ以前と比べても、今が最もヒグマが多いのではないか」というものです。そうでないと、毎年千頭近くを捕獲しても被害も捕獲数も減っておらず、事態は益々深刻化していることへの説明がつきません。

そこに今春、遺伝学的手法を用いた推計法で、過去10万年までさかのぼっても、今のエゾシカの生息数は過去最多水準に近い状況だという研究結果が発表されました。取材すると、シカの生息数に影響を与えてきたのは人類による捕獲で、研究者は「今後も捕獲し続けないとさらに増え、食害も悪化する」と指摘しました。

過去最大近くまで増えたシカを餌としているのが、そう、ヒグマです。札幌の市街地近郊でも、3頭もの子グマを産み育てる母グマの姿が目撃されています。ヒグマは草や木の実を主食にする雑食性の動物ですが、近年は四季を通してエゾシカを食べていることが分かっています。クマは栄養状態で生む頭数が増減するため、この豊富なタンパク源はクマの高い出生率にも関係している可能性があります。ほら、だんだん私の仮説にも信憑性がでてきたでしょう?

人類は誕生以来、時には襲われながらも、さまざまな野生動物を狩って生きてきました。言うなれば野生動物との闘いの歴史です。高度成長期には自然破壊が問題化しましたが、初の人口減少社会に突入した今の日本では、全国的に自然と野生動物が勢力を取り戻し、人の生活圏を飲み込み始めています。広大な大地が広がり人口密度が最も低い北海道は過疎の先進地であり、人と野生動物との摩擦が生じる最前線ともなっています。ここ数年で起こった道内のヒグマ関連ニュースを本書で振り返りながら、どんな対策が必要なのか、子どもたちに何を伝えなければいけないのか、一緒に考えてみませんか。

北海道新聞東京報道センター　内山岳志

ヒグマってどんな動物？

ヒグマの1年

12～2月

冬眠穴で冬眠し、飲まず食わずで過ごす。母グマは1、2月ごろ1～3頭の子グマを産み、授乳する

3～5月

冬眠から覚め、穴の近くで過ごす。雪解けが早い人里近くの山菜を食べに来る。空腹から人を襲いやすいというのは誤解

冬　春　夏　秋

9～11月

ドングリなど木の実を食べ、体重を一気に3、4割増やす。知床半島ではサケ類を食べる

6～8月

雄が雌を求め、広範囲を動き回る。親離れした2～4歳の若い雄が新天地を求める「分散期」でもあり、市街地出没が増える。子連れの雌が、雄を避けて人里付近に来ることも

晩夏の端境期　山に食べ物が少なく、農作物被害が増える。最も痩せる時期

◀ヒグマの足あと

前足

後足

足跡の大きさは前足の横幅で計測

◀ヒグマのふん

コクワを食べたヒグマのふん

草を食べたヒグマのふん

（写真提供＝NPO法人EnVision環境保全事務所）

ヒグマの特徴

体高

	オス	メス
体長	約2メートル	約1.5メートル
体重	約150～400キロ	約100～200キロ
	※生まれてすぐは400gくらい	
走る速さ	時速50キロ	
視力	昼夜に関係なく行動できる	
嗅覚	鼻がよくきき、数十メートル先のにおいを嗅ぎつける	
聴覚	耳がよく、音に対して敏感。人がクマに気付く前に、クマの方が先に気付く	
性格	群れをつくらず単独や親子で行動。警戒心が強い。人を避けて行動するため、近くに隠れていても人が気付かないこともある	

ヒグマvs人間

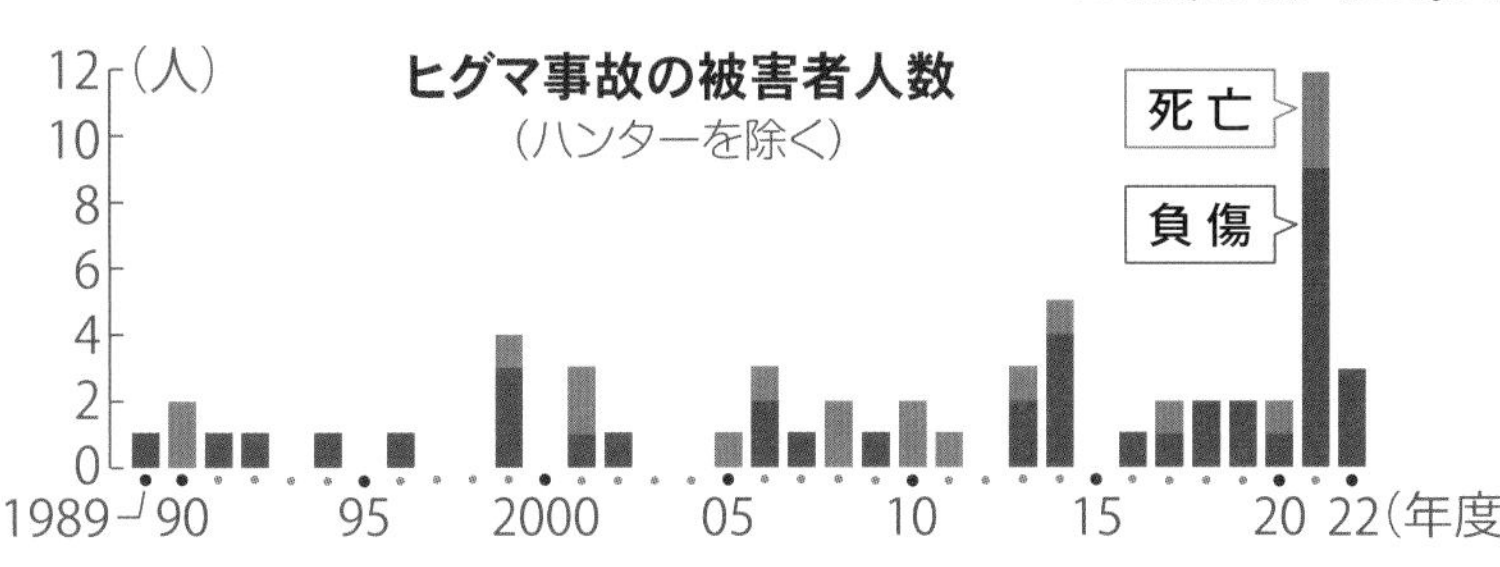

人身事故の内訳

※平成以降。出典：「ヒグマ・ノート」（ヒグマの会）を改変

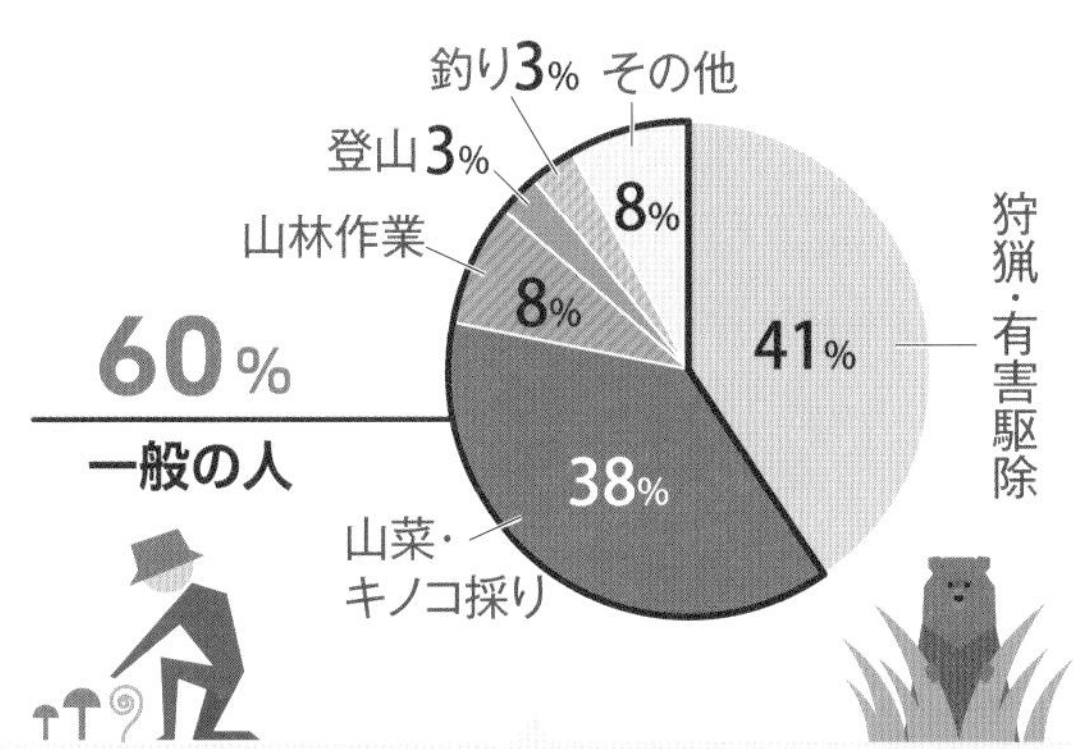

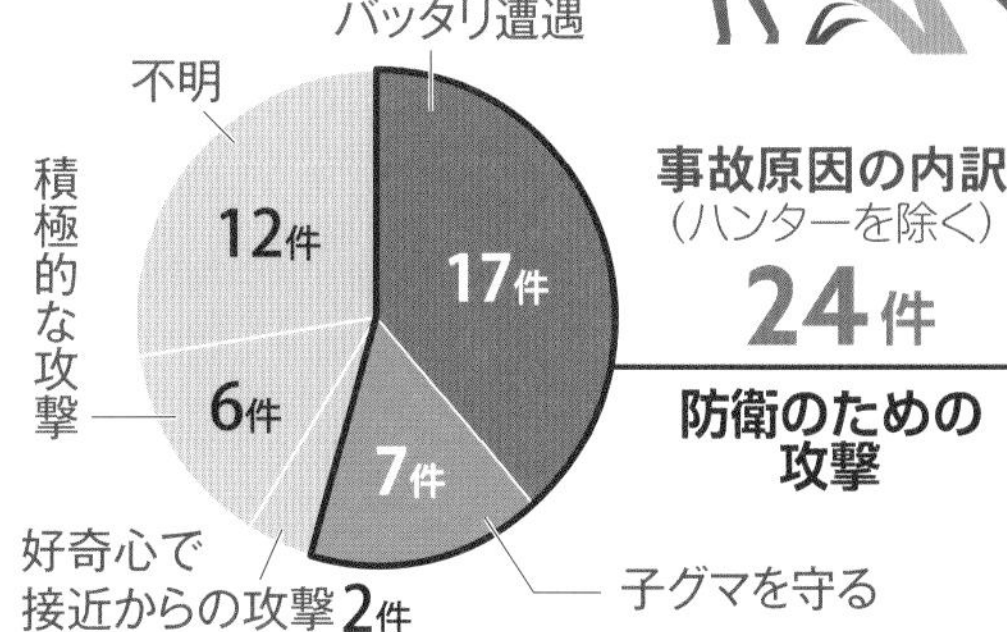

人身事故のおよそ半分がハンターで、一般の人は山菜採りや山林での作業中が多いことがわかる(データは1989~2019年)

事故を原因別に見ると、半分以上が防衛のためだったことがわかる(データは1989~2019年)

※事故原因が不明なものは、事故にあった人が亡くなってしまったために、原因をつきとめきれなかったもの

クマから身を守るために

遭遇しないために	音（人の存在を知らせる）	笛	見通しの悪い道などで、ばったり遭遇することを避けるために頻繁に吹く
		鈴	体やカバンに着けて常に鳴るようにする
		爆竹	山中に爆発音を響かせて遠ざける
		ラジオ	山菜採りなどで鳴らし続けて接近を防ぐ
遭遇したら	行動（離れる）	遠くにいたら	こちらに気付いていないなら、静かに立ち去る
		近くにいたら	クマを見つめながら焦らず、ゆっくり後退
			※逃げるものを追う習性があるため、背中を見せて走らないこと
	刺激（追い払う）	撃退スプレー	使い方 ①誤射防止用のピンを外す ②本体をしっかり握る ③クマの顔をめがけて全部噴射する ※すぐ使えるように腰などに着けておく

射程距離：5～10メートル

噴射時間：5～10秒

価格：1万～1万5千円

有効期限：3～5年

近づく市街地　試される共生

市街地になぜクマが出没するようになったのでしょうか。197万人都市・札幌を例に取ってその歴史をひもとくと、高度成長期以降の市街地の拡大や農地の減少、森林の回復など複数要因が絡み、人里とクマの生息域が近づいてきた構図が浮かびます。

道のヒグマ生息数の推計（図1）では、1990年度の中央値が5200頭でしたが、2014年度が10500頭、20年度には11700頭と推定され、道が残雪期にクマ撃ちを奨励した「春グマ駆除」を廃止した1990年度と比べ倍増しており、引き続き増加傾向にあるとみています。

しかし、これはあくまで推計値で、ヒグマに限らず、住民票も名前もない野生動物の生息数を把握することは非常に難しく、正確な数を明らかにすることは不可能とも言えます。確かなことは、道内のヒグマは30年前より倍ぐらいに増え、今も増え続けているということです。それは、毎年道がまとめているヒグマの捕殺数と農業被害額（図2）が増え続けていることからも分かります。

札幌特有の都市構造

100年以上前の当時の札幌でも、クマによる死傷事故はありました。有名なのは1878年（明治11年）の丘珠事件です。山で冬眠中のクマを捕獲しようとした猟師が反撃を受けて殺され、旧丘珠村（東区丘珠町）の炭焼き小屋でも、逃げてきたクマに2人が殺されました。『新札幌市史』によると、当時はクマによる被害が「甚だし」かったようです。ただ、現代の出没は人口の多い市街地で、当時とは状況が違います。

戦後すぐの1947年当時の札幌・藻岩山周辺の航空写真（写真1）を2020年撮影のものと見比べてみましょう。

藻岩山の原始林は当時から国の天然記念物でしたが、市街地近くの樹木は薪用に伐採され、食料確保のために畑も作られていました。それが73年後にはすっかり森は回復し、山際ぎりぎりまで住宅地が接するように迫っています。

道内の都市では同心円状に中心市街地、住宅街、農地、山林と街が形成されているのが一般的です。札幌の場合は、農地をつぶして市街地が形成されたため、住宅街と山林が直接面しているのが特徴です（写真2、図3）。ヒグマの数が増えたことに加え、こうした独特の都市構造が、札幌でヒグマの目撃や市街地侵入が多くなる要因となっています。

そもそもヒグマたちは奥山ではなく、われわれが暮らす平地にすんでいましたが、人に追われて奥山中心にすみかを変えてきました。クマが増え、生息地が拡大した今、市街地に出てこ

［図1］**道内に生息するヒグマの推定個体数の過去30年間の推移**

［図2］**道内のヒグマ捕殺数と農業被害額**

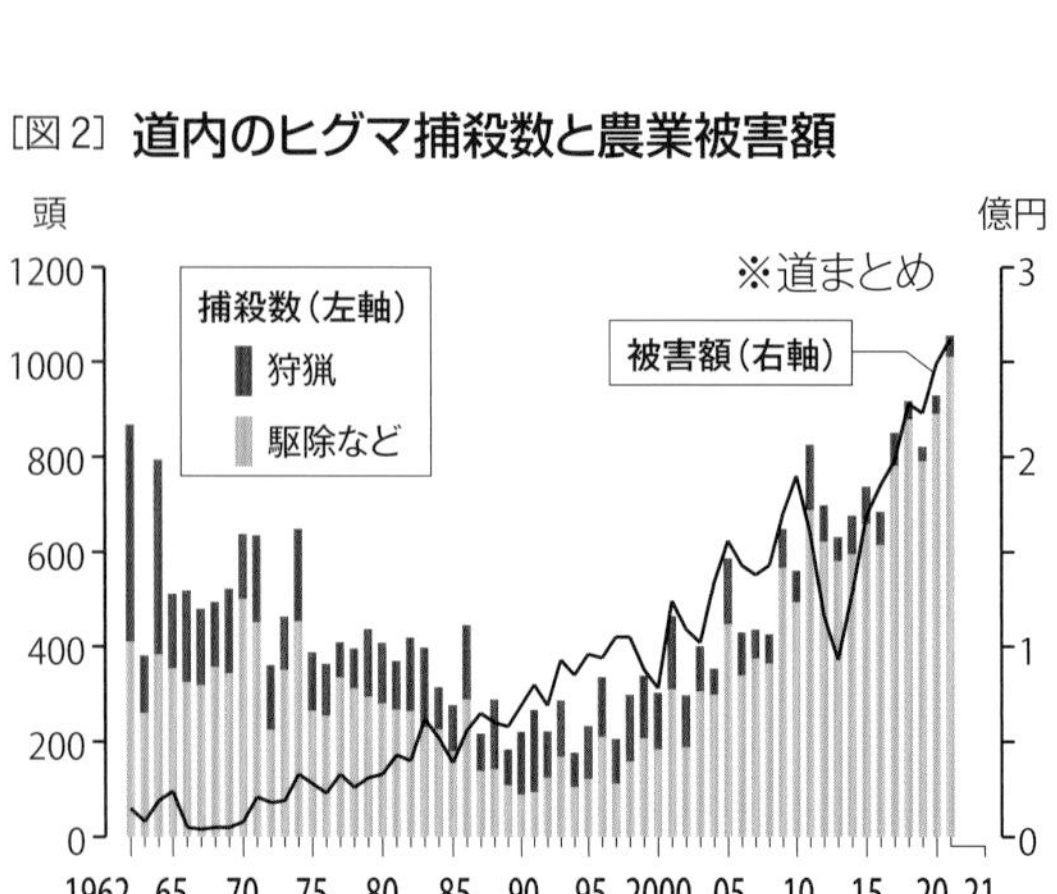

[写真1]

＜上空から見た藻岩山と周辺 1947年9月10日＞ 戦後間もない藻岩山。露出した地面が多く、山際には農地もみられる＝札幌市南区、中央区（いずれも国土地理院提供）

[写真2]

＜2020年9月29日＞ 緑が茂る藻岩山と接するように市街地が広がる。1947年（昭和22年）に約26万人だった札幌市の人口は197万人を超えた

ようとするクマたちの行動は自然だとも言えます。野生動物たちの失地回復運動、世界史的に言うと「レコンキスタ」が始まっています。

ゾーン分けで対策強化

札幌市も対策強化に乗り出しています。ヒグマ対策の指針となる「さっぽろヒグマ基本計画」を見直し、従来の「市街地」「市街地周辺」「森林」の3ゾーンに、新たに市街地と森林の緩衝地帯を「都市近郊林ゾーン」として加え、草刈りやハンターによる見回りを実施してクマの定着を防ぐ考えです。

このほか、「森林」を除く3ゾーンで、クマが簡単には開けられないごみ箱の設置や、離農などで放棄された果樹の伐採、人工知能（AI）を使った自動撮影カメラの導入を進めています。こうした施策により、市街地での出没件数を21年度の32件から26年度は16件に、農地や家庭菜園の被害件数を21年度の14件から26年度はゼロとすることを目指しています。

[図3] **札幌市の住宅数と耕地面積の推移**

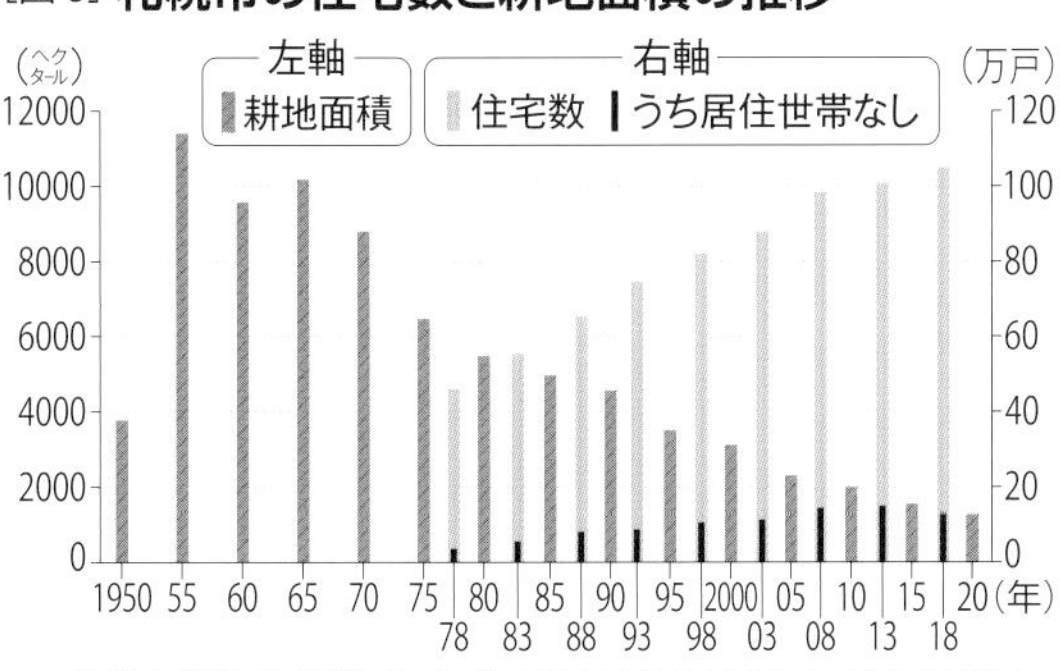

※札幌市統計書を基に作成。住宅数は10月1日時点、耕地面積は2月1日時点の経営耕地面積

サケを食べる札幌のクマ

22年10月、さっぽろテレビ塔の脇を流れる創成川で、20年ぶりにサケが遡上する様子が目撃されました。豊平川にも遡上し、自然産卵が毎年行われています。

実は東区に出没して駆除されたヒグマは、胃の内容物から、茨戸川付近で川魚を食べていたことが分かりました。さらに驚いたことに、お腹の中からサケ類につく寄生虫がいたことも判明しました。つまりこのクマは、石狩川や海などでサケを食べていたということです。

これまで知床以外でこうしたヒグマはあまりいませんでした。今後、遡上するサケを狙って、ヒグマが道内各地の川でサケを捕る姿が見られる日もそう遠いことではないかもしれません。

街なかを流れる川と、山から続く緑地帯は、ヒグマの侵入経路になる可能性があります。そのことを頭に入れて自分の近所を見直せば、どのあたりが出没リスクが高いのか、市民ひとりひとりが予測をたてられるでしょう。

ヒグマは見ている
道新クマ担記者が追う

目次

北海道新聞デジタルでは紙面に掲載できなかった写真や動画、関連情報をご覧いただけます。

記事末尾の二次元コードからアクセスできます。

①
縮まる距離

一体何が起きたのか、原因は何なのか——

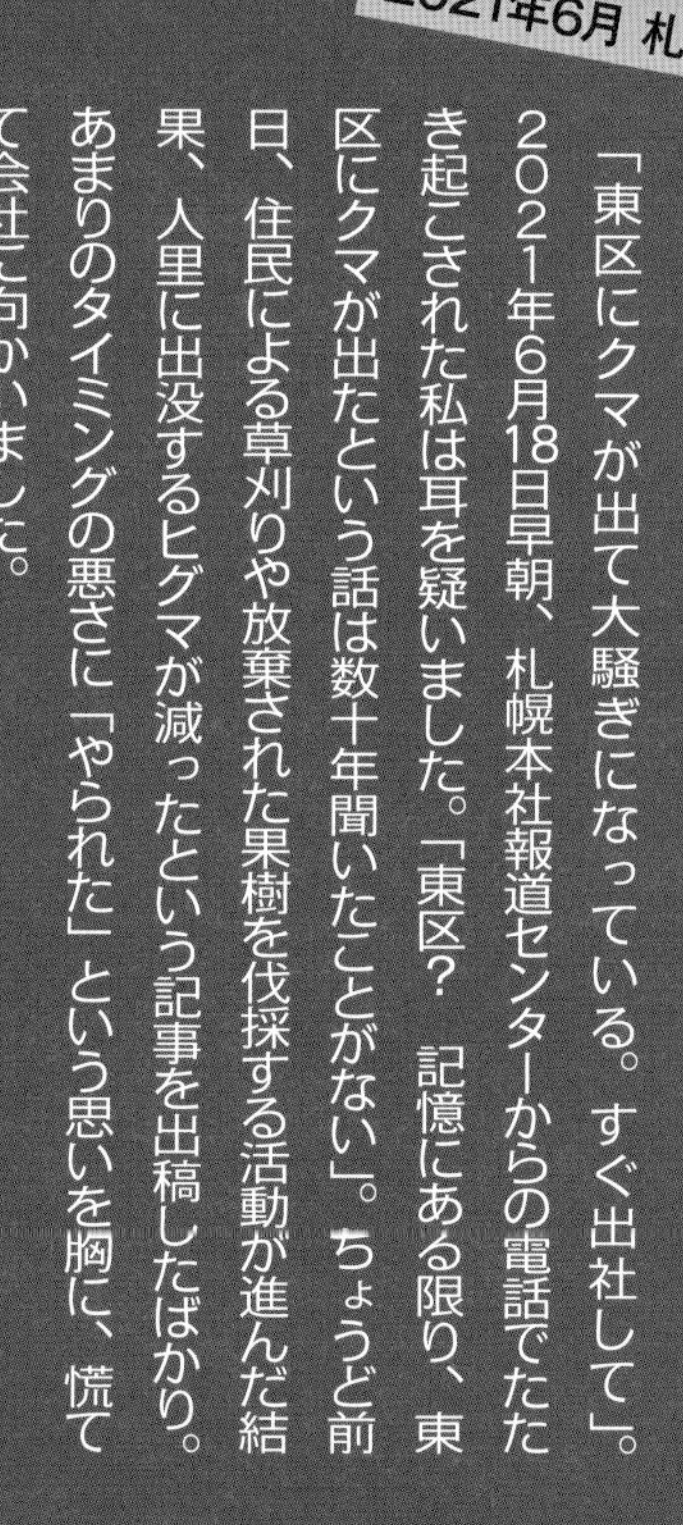

クマ担記者の取材ノートから
2021年6月 札幌・東区

「東区にクマが出て大騒ぎになっている。すぐ出社して」。

2021年6月18日早朝、札幌本社報道センターからの電話でたたき起こされた私は耳を疑いました。「東区？　記憶にある限り、東区にクマが出たという話は数十年聞いたことがない」。ちょうど前日、住民による草刈りや放棄された果樹を伐採する活動が進んだ結果、人里に出没するヒグマが減ったという記事を出稿したばかり。あまりのタイミングの悪さに「やられた」という思いを胸に、慌てて会社に向かいました。

本社6階に着くと「市街地で人が襲われた」との情報でフロアは大騒ぎ。現場にも多くの記者、カメラマンが投入されています。一体何が起きたのか、原因は何なのか——。それらを記事に盛り込むべく、私は専門家の携帯を鳴らしました。

結局、男女4人が次々に襲われ重軽傷を負うという前代未聞の事件に発展。札幌だけでなく全道のヒグマ対策を見直す大きな転換点となりました。東区で人が襲われるのも実に明治期以来、143年ぶりでした。

2021年6月
札幌・東区

市街地にクマ 4人けが

体長2メートル、札幌・東区で駆除

6月18日午前3時半ごろ、札幌市東区北31東19の路上で「クマが歩いている」と通行人から110番があった。道警によると、18日未明から同市東区の市街地でクマの出没が相次ぎ、70代男性と80代女性、40代男性、陸上自衛隊丘珠駐屯地の40代男性自衛官の4人が襲われ搬送されたが、いずれも命に別条はない。クマは体長約2メートルの同じ個体で、同日午前11時15分ごろ、東区の丘珠空港付近で猟友会のハンターが猟銃で駆除した。

札幌東署などによると、周辺では同日午前10時半までにクマの目撃情報などが約30件相次いだ。

同5時50分ごろ、最初の目撃場所から約1キロ南下した東区北19東16の市立明園小近くの路上で、ゴミ出しをしていた70代男性と80代女性が相次いで襲われた。男性はひざや腰、女性は背中やひじをひっかかれ軽傷を負った。同7時15分ごろ、東区北33東16の市営地下鉄新道東駅付近の路上で、歩いていた40代男性が背中や手足をひっかかれ、肋骨を折るなど重傷を負った。

その40分後の同7時55分ごろには、1キロ離れた東区丘珠の陸上自衛隊丘珠駐屯地の正門を警備していた男性自衛官が脇腹にけがをした。クマはそのまま同駐屯地に入り、高さ約1・8メートルの柵を乗り越え、同駐屯地の北東約200メートルの茂みに逃げ込んだ。

道警はヘリコプターでクマを監視し、パトカー数十台で周囲を警戒。道警から依頼を受けた北海道猟友会札幌支部のハンター4人も加わった。道警は警察官職務執行法4条（緊急避難）に基づき駆除を指示。同11時すぎ、茂み付近にいたクマをハンターが撃った。5歳ぐらいの雄とみられる。

札幌市教委は18日朝、東区、北区の市立学校に対し、登校時間を遅らせるかどうか判断するよう依頼。東区の市立幼稚園や小中学校など42校の登校を見合わせ、既に児童生徒が登校した学校については、屋外に出ないよう求めた。

国土交通省丘珠空港事務所などによると、同空港では午前8時5分ごろ、管制官が滑走路上にいるクマを発見。離陸準備に入っていた北海道エアシステム（HAC）丘珠発釧路行き2861便（乗客乗員26人）の運航を急きょ休止し、丘珠と釧路、函館、三沢を結ぶ午前中の計8便を欠航した。駆除を受け、午後から運航を再開した。

現場はいずれも地下鉄東豊線の沿線近くで、住宅や商業施設が立ち並ぶ市街地。最も近い目撃場所でJR札幌駅から約2・5キロ。

18日午前7時55分ごろ、守衛の男性自衛官が襲われ負傷
18日午前11時15分ごろ、クマを駆除
栄町駅
陸上自衛隊丘珠駐屯地
丘珠空港
地下鉄東豊線
新道東駅
札樽道
18日午前7時15分ごろ、男性が襲われ負傷
元町駅
18日午前5時50分ごろ、男女2人が襲われ負傷
明園小
札幌駅

札幌市東区の住宅街を歩き回るヒグマ。後方にはスポーツ交流施設「つどーむ」が見える＝18日午前7時54分、東区北39東21（中川明紀撮影）

背中に乗られ「もう終わりだ」

「もう終わりだと思った」。18日早朝に札幌市東区でヒグマに襲われ、軽傷を負った会社員小笠原敏師さん（75）が北海道新聞の取材に対し、被害の状況を生々しく語った。

小笠原さんは午前5時半ごろ、ごみを捨てるために自宅を出た。50メートルほど先にあるごみステーションに行き、自宅に戻ってきたところ、幅1・5メートルほどの隣家との間にヒグマがいて、自分の方に向かってくるのが見えたという。

驚いて振り返り、2、3歩走ったところで足がもつれ、前のめりに倒れた。後ろからクマが背中に覆いかぶさり、腰のあたりにクマの足が押し付けられた感覚があった。「頭が真っ白になり、生きた心地がしなかった」。もうだめだと思った瞬間、クマが自分を乗り越え、走っていくのがわかった。顔を上げた時、もうクマの姿はなかった。

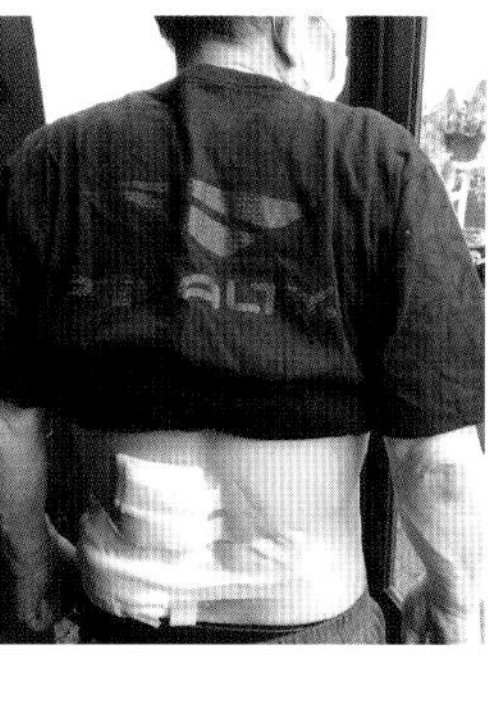
クマに襲われ負傷した小笠原敏師さん。爪の跡が残る腰の辺りはガーゼなどで覆われていた

何とか自宅に戻ると、長女（46）が救急車を呼んでくれた。襲われた瞬間は痛みを感じなかったが、病院で腰のあたりにクマの爪が2本刺さったような傷があると言われた。着ていた紺色のTシャツにはクマの足跡が残り、白い肌着は血がついていた。すぐに自宅に戻ることができたが「いつもは午前6時にごみ捨てに行くが、きょうは30分早く目が覚めた。そのせいで、まさかこんな目にあうとは」と話した。

（金子文太郎）

【2021年6月18日掲載】

家の前にクマ「まさか」
早朝の市街地騒然

「まさか、自分が襲われるとは」「なぜこんな所に」――。札幌市東区で18日未明からクマの目撃が相次ぎ、住宅街は騒然となった。クマは大型商業施設や民家の密集する地区を走り抜け、陸上自衛隊丘珠駐屯地や丘珠空港に侵入。次々と人に襲いかかり、4人がけがを負った。同日午前11時15分ごろに駆除されるまで猟友会や道警が厳重な警戒態勢を敷き、襲われた住民は恐怖に身を震わせた。

「気が動転し、無我夢中だった」。札幌市東区の姉崎慶子さん（80）は18日午前5時50分ごろ、ごみステーションにごみを捨て、自宅に戻る途中に走ってくるクマと遭遇し、追いかけられて背後から前足で襲われた。うつぶせに倒れた後、クマは走り去った。

自宅にいた夫（81）が110番し、救急搬送。背中から腰にかけて引っかかれた傷があるが、幸い軽傷で済んだ。姉崎さんは「クマが出没しているのはパトカーの放送で分かっていたが、まさか自分が襲われるとは思わなかった」と話す。

「クマが出没しています。家から出ないでください」。最初に目撃情報のあった東区のイオン札幌元町ショッピングセンター周辺は、早朝からパトカーが巡回して住民に注意を呼び掛け、物々しい空気に包まれた。

近くに住む無職中条孝子さん（85）は自宅から目撃。茂みから姿を現し、ショッピングセンターの立体駐車場の脇を抜けていったという。自宅からの距離は100メートルほど。「こん

繁殖期で活発化――専門家

札幌市東区でヒグマ1頭が駆除されたことについて、研究者でつくるヒグマの会会長の北大獣医学研究院の坪田敏男教授は「今はヒグマの繁殖期で行動が活発化する時期。川をつたって市街地に迷い込んでしまったのだろう。パニックを起こしており、見かけた人間を次々に襲ってしまう危険な状態だった。駆除できて良かった」と安堵する。

坪田教授は「たまたま民家の少ない丘珠空港の方角に逃げてくれたから駆除できたが、ずっと市街地に居座っていたら発砲できる状況にはならなかった」と分析。東区はクマが逃げ込める山がないことから「捕獲して山に返すのは不可能。射殺するしか方法はなかった」と語った。

クマの生態に詳しい道立総合研究機構エネルギー・環境・地質研究所の間野勉専門研究主幹は、市街地に侵入したルートについて、「当別町（石狩管内）方面から石狩川を越えて札幌市内に入り、石狩川の支流や用水路をつたって市街地の奥まで侵入した」とみる。今年5月下旬から6月上旬にかけて、北区篠路町拓北周辺で目撃やフンの情報が札幌市に寄せられており、「このヒグマで間違いないだろう」と話す。

札幌市内でも北区や東区は山と隣接しておらず、これまではほとんどヒグマの出没を警戒していない地域だったが「札幌の市街地は川や水路をたどればどこにでも行くことができる。2019年に清田区や厚別区を通って江別市の野幌森林公園にまで出没しており、石狩平野はどこに出てもおかしくない状況になった」と話した。

（内山岳志）

クマに市民が襲われた現場付近で救助活動にあたる消防関係者ら＝18日午前7時26分、札幌市東区

な街の中でクマが出るなんて怖い」と不安そうに話した。

最初の目撃は午前3時半ごろ。約20分後に2キロ余り南下した場所で、その後は北に向かう方向で相次いで目撃され、東区内を計5キロ近く南北に縦断した。

午前7時55分ごろには陸自丘珠駐屯地の正門で隊員が襲われた。

走って近づくクマの侵入を防ごうと正門の扉を閉めていたところ、扉の間をすり抜け、警備中の男性自衛官を襲った。

丘珠駐屯地近くに住む主婦（38）は家の前を走る姿を目撃。「車に追われ、走って逃げていた。すごく大きくて恐ろしかった」と青ざめた表情で話した。

【2021年6月18日掲載】

クマ縦断 緊迫8時間

銃弾5発 茂みで駆除

「生きた心地がしなかった」「ようやく安心できる」―。札幌市東区の市街地で18日未明に確認されたヒグマは、自宅近くでごみ出しをしていた高齢者や通勤中の会社員、陸上自衛隊丘珠駐屯地の自衛官に次々に襲いかかり、4人に重軽傷を負わせた。最初の目撃から駆除まで8時間近く。早朝の市街地に緊張が走り、住民は恐怖に身を震わせながら不安な時間を過ごした。

「パーンッ」「パンッ、パンッ」。午前11時16分、丘珠空港北東の茂みに身を隠していたクマが突然姿を現し、警察官とともに警戒していたハンターが発砲し、3発の乾いた銃声が周囲に響いた。走って茂みに逃げ込むクマ。ハンターが追いかけ、茂みに向かって慎重に歩み寄り、さらに発砲。動きを止めたクマに最後は至近距離から銃弾を撃ち込み、とどめを刺した。

民家が密集し、大型商業施設のある地区を走り抜けた後、丘珠空港近くに巨体を潜めてから約3時間。道警がヘリコプターやパトカー数十台で周囲に厳戒態勢を敷く中、計5発の銃弾でようやく駆除した。近くに住む

猟銃で駆除されシートで包まれるクマを見守る警察官ら＝18日午前11時20分、札幌市東区丘珠町

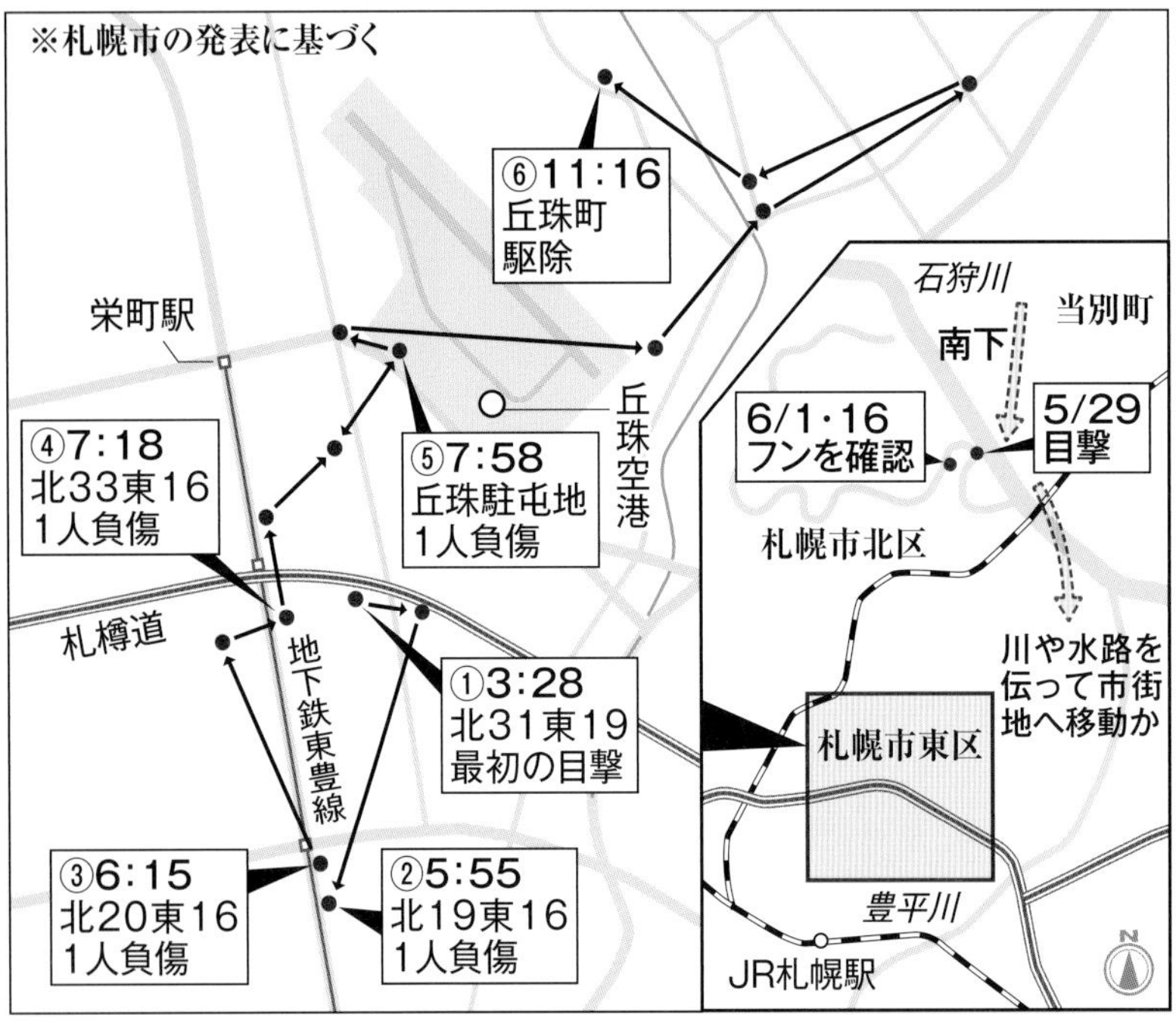

主婦小山祐子さん（79）は「これで安心して外に出られる。とにかくほっとした」と話した。

　午前3時半ごろに住宅街で目撃されたクマは、東区内を縦断していった。最初の被害があったのは午前5時55分。市営地下鉄東豊線元町駅に近い東区北19東16の路上で、ごみ出しに出ていた会社員小笠原敏師さん（75）が襲われた。

　「もう終わりだと思った」。小笠原さんは、ごみステーションから自宅に戻ってきたところを襲われた。隣家との間の幅1・5メートルほどの場所にクマがおり、自分の方に向かってきた。逃げようと走ったが、前のめりに倒れてしまい、クマが背中に覆いかぶさった。だめだと思った瞬間、クマはそのまま去ったが、クマの爪で背中に傷を負った。

　20分後には東区北20東16の路上で姉崎慶子さん（80）がごみを出して自宅に戻る途中にクマと遭遇。クマに追いかけられ、背後から襲われ、うつぶせに倒された。背中から腰にかけてひっかかれたが軽傷で済んだ。「クマが出没しているのはパトカーの放送で知っていたが、まさか自分が襲われるとは」と話した。

　クマは北上し、午前7時18分には東区北33東16の地下鉄新道東駅付近の路上でショルダーバッグを提げて1人で歩く40代の会社員男性を背後から襲った。背後からタックルするように男性を前のめりに倒した後、背中にかみつき走り去ったクマ。姿を消したクマは倒れこんでいた男性の元に2度も戻って襲い、肋骨骨折の重傷を負わせた。

　東区の男性会社員（45）は男性が襲われる瞬間を自宅ベランダから妻と目撃した。警戒を呼び掛けるパトカーが周辺を巡回していたため外を見ていた時の出来事だった。「あーっ、人が！」。妻の悲鳴が響いた。男性は「ものすごい勢いでクマがぶつかっていった。こんな場所にまで来るとは」と驚きを隠さなかった。

　午前7時58分には陸自丘珠駐屯地で40代の男性自衛官が襲われた。迫ってくるクマの侵入を防ごうと道道に面した正門の扉を閉めていたところ、クマは扉をこじ開け男性自衛官を押し倒した。駐屯地に入り込んだクマは隣接する丘珠空港を抜け、高さ1・8メートルの柵を乗り越えて茂みに逃げ込んだ。（村上辰徳、金子文太郎、磯田直希）

※札幌市の発表に基づく
①3:28 北31東19 最初の目撃
②5:55 北19東16 1人負傷
③6:15 北20東16 1人負傷
④7:18 北33東16 1人負傷
⑤7:58 丘珠駐屯地 1人負傷
⑥11:16 丘珠町 駆除
栄町駅
丘珠空港
札樽道
地下鉄東豊線
石狩川
当別町
南下
5/29 目撃
6/1・16 フンを確認
札幌市北区
川や水路を伝って市街地へ移動か
札幌市東区
豊平川
JR札幌駅

クマの発見から駆除までの動き

3:28	札幌市東区北31東19	通行人の男性が「クマが歩いている」と110番
5:55	北19東16	ゴミ出しをしていた70代男性が襲われる
6:15	北20東16	ゴミ出しをしていた80代女性が襲われる
7:18	北33東16	路上を歩いていた40代男性が襲われる
7:58	丘珠町	陸上自衛隊丘珠駐屯地の40代男性自衛官が襲われる。駐屯地に侵入
8:05	丘珠町	丘珠空港に侵入
8:45	丘珠町	空港から約200メートルの茂みなどに身を潜める
11:16	丘珠町	茂みから現れたクマを猟友会のハンターが駆除

※いずれも18日午前。道警や札幌市の情報に基づき作成

早期決着　整った3条件

札幌市東区で男女4人を襲ったヒグマは18日午前11時16分、最初の目撃から約8時間後に丘珠空港付近で猟銃によって駆除された。2019年8月に同市南区藤野、簾舞両地区に連日出没したヒグマは駆除までに約2週間かかったが、今回は①クマが銃で駆除しやすい市街地外に移動した②目視できる昼間だった③負傷者発生を受け、道警が素早く発砲を指示した―ことが早期駆除につながった。

潜んでいた茂みから姿を現し、走って逃げるヒグマ＝18日午前11時10分、札幌市東区丘珠町

駆除されたクマは午前3時半ごろ、札樽道沿いの東区北31東19で最初に目撃され、住宅街を通ってJR札幌駅まで約3キロの北19東16まで南下。その後、地下鉄東豊線に沿うように北上し、陸上自衛隊丘珠駐屯地に侵入した。いずれも住宅密集地域で、猟銃による駆除は事実上不可能だった。

道警はクマが午前8時40分ごろ、丘珠空港北側にある畑に囲まれた茂みに入ったことを確認した。安全に発砲できる条件が整ったとみて、駆除する方針を決めた。

クマの追跡が早朝から昼間の明るい時間帯だったことも幸いした。安全面から夜間の発砲は原則禁止されている。19年の南区のケースはクマが夜間に出没することが多かったため、駆除決定まで時間がかかった。また、南区の場合はクマによる人身被害はなかったが今回は短時間で男女4人が相次いで襲われた。道警は「このままクマが移動し続ければ、さらに被害が拡大する恐れがある」と判断。クマが茂みに入った段階で、警察官職務執行法4条（緊急避難）に基づいてクマを駆除するための発砲をハンターに指示した。

市内では5月下旬から6月上旬にかけ、北区の石狩川沿いでクマの目撃やフンの情報が相次いでいた。道立総合研究機構の間野勉専門研究主幹は、駆除されたクマは「石狩管内当別町方面の山間部から石狩川を渡り、川や水路を伝って市街地まで入ってきた可能性が高い」と指摘する。

研究者やハンターらでつくる市民団体「ヒグマの会」会長の坪田敏男・北大獣医学研究院教授は「クマはパニック状態で、目に入った人間を次々に襲う危険な状態だった。たまたま住宅の少ない方角に逃げたので駆除できたが、中心部に向かっていたら駆除は非常に難しかった」と話した。

（内山岳志、下山竜良）

【2021年6月19日掲載】

もしかして——

なぜ突然、こんな市街地にヒグマが出没したのか——。東区の事件後、それがずっと気がかりでした。改めて地図を眺めていると、北から延びる細い水路が、最初の目撃地点で途切れているのに気付きました。この水路は伏籠（ふしこ）川と平行して北に向かって流れ、丘珠空港の外側を沿うように進み、北区上篠路で伏籠川と合流。茨戸川につながり、最後は石狩川に注いでいます。

この石狩川への注ぎ口にあたるのが、20日前の5月29日にクマが目撃された北区篠路町拓北の波連（はれ）湖です。もしかして——。道立総合研究機構の間野勉専門研究主幹にさっそく自分の推理をメールで伝え、同行取材を依頼しました。

ヒントは札樽道の高架下にありました。高架下には幅1・5メートルほどの細い水路が北側から続いており、ちょうど高架下から南は地下水路（暗きょ）となっていました。水路の終点を二人で眺めながら、間野さんは「石狩川につながるこの水路を伝って南下し、終点となったこの付近ではい上がって市街地に向かったのでしょう」。間野さんの見解と私の推理が一致した瞬間でした。

増毛山地→当別→石狩川→伏籠川→水路→住宅街

水際伝い東区へ？

札幌市東区で6月18日に男女4人を襲い駆除されたヒグマは、当別町方面から石狩川を渡り、川や水路を通って住宅街まで来た可能性が高いことが専門家の現地調査などで分かった。専門家は深夜に市街地に入り込んだクマが朝に人の存在に気づき、パニックに陥ったと推測。道によると、東区で人がクマに襲われたのは1878年（明治11年）以来143年ぶりで、クマの目撃やふんなど痕跡の情報を広域的に共有するなどの対策強化が求められている。

（内山岳志）

18日のクマの最初の目撃通報は同市東区北31東19の路上で、午前3時28分に通行人から「クマが歩いている」と110番があった。クマはいったん南下し、北に戻りながらごみ捨てに出た高齢者や通勤中の会社員、陸自丘珠駐屯地の自衛官ら4人に重軽傷を負わせ、丘珠空港の北側の茂みでハンターに駆除された。

丘珠空港に近い介護老人保健施設の防犯カメラに写ったクマ＝6月18日午前3時12分（施設提供）

進めず路上に

最初の目撃地点は、札樽道のすぐ近くで、住宅や24時間営業のコンビニエンスストアもある。クマはどこから来たのか—。現地を調査した道立総合研究機構の間野勉専門研究主幹は「クマは伏籠川から続く水路を通り、市街地にたどり着いた」と推測する。

伏籠川は石狩川に注ぐ茨戸川の支流の一つ。水路は深さ約1・5メートル、幅約3メートルで、

東区で駆除されたヒグマの推定ルート

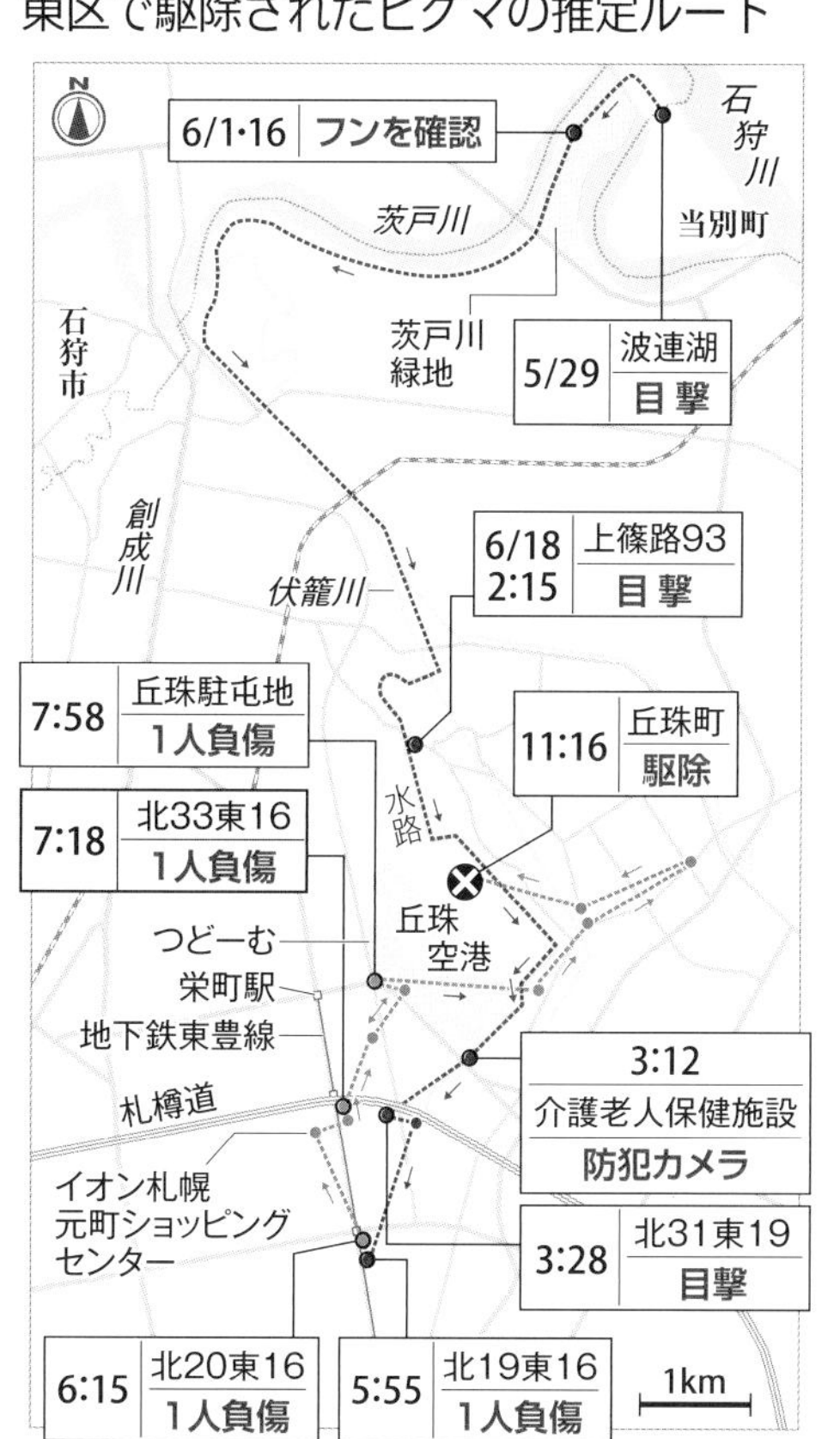

札幌新道付近のクマが路上に上がったとみられる水路を調査する間野主幹。草が生い茂り水路の中は見通せない状態だった＝6月30日、札幌市東区

タマネギ畑が広がる北区上篠路から東区まで続いているが、クマの最初の目撃地点付近からは地下水路になる。間野さんは「クマは水路を進めなくなり、路上に上がったのだろう。目に入った人を襲ったが、パニック状態で、人を食べる意図はなかった」とみる。

〈道新デジタル発〉

間野さんの推測を裏付ける目撃情報があったことも新たに分かった。道警によると、18日午前2時15分、上篠路の水路近くで「クマが南に歩いていった」と通行人から110番があった。通報を受け、警察官が現場を確認したが発見できなかったため、当初は関連情報に位置付けていなかったという。関係者によると付近では「何かがバシャバシャと水路を走る音が聞こえた」との情報もあった。

さらに丘珠空港近くの介護老人保健施設の防犯カメラには、水路がある方向からクマが敷地内に入り、隣接する鉄工所にガラス窓を割って入る様子が写っていた。施設の柵には爪痕とみられる傷も残っていた。

雌探して南下

東区での出没に先立ち、5月29日には石狩川と茨戸川が接する北区の波連湖付近でクマの目撃情報があり、6月には近くでふんや足跡も見つかっていた。石狩川を挟んだ当別町側にはクマが移動しやすい防風林があり、さらに北にはクマが生息する増毛山地がある。

駆除されたクマは5、6歳の若い雄で、間野さんは「6、7月は繁殖期。自分より強い雄がいない場所で雌グマを探そうと防風林を通って南下し、石狩川を泳いで渡って札幌に入った」と分析。札幌市にとっては、クマが石狩川を渡って北区や東区まで来る事態は想定外で、間野さんは「豊平川や創成川を通れば、クマが大通公園まで来る恐れもある。周辺自治体が連携し、住民への情報発信を強化するべきだ」と話している。

【2021年7月2日掲載】

「生きていたのは奇跡的」

あの何度もヒグマにかまれた男性はどうなったのだろうか。

気になりながらも、新型コロナの取材に時間をとられていた22年1月、本社6階のフロアでテレビニュースを見ていると、男性が職場復帰したことを伝えています。無事に安堵しつつ、他社に抜かれてしまったことをキャップに報告し、すぐに連絡を取ることにしました。

干物店で働く安藤さんは、取材を承諾してくれました。当時付近を撮影していたカメラマンと二人で現場を案内してもらい、コーヒー店で詳しい話を聞かせてもらいました。しかし、当時の生々しいヒグマとの格闘、あまりに深刻なけがや後遺症の話を聞き、私自身気分が悪くなるほど。「生きていたのは奇跡的」というのが実感でした。

取材の最後に、襲われる様子を撮影した動画をモザイクなしで公開してもいいかを尋ねると、「自分の経験を伝えることが、市民の皆さんの意識変革につながればうれしい」と快諾してくれました。安藤さんの胆力にも感服する取材となりました。

クマ襲撃 恐怖今も
被害男性が回顧

ヒグマが出勤途中の男性の背中に不意打ちで右前足を振り下ろし、覆いかぶさって腕や足に何度もかみつく―。２０２１年６月18日朝、札幌市東区の住宅街で起きた「ヒグマ襲撃事件」。男性は最初の一撃で肋骨６本を折り、全身１４０針を縫った。襲われた４人の中で最も大きなけがを負ったこの男性と3月下旬、現場を訪れ、市民を震撼させた襲撃の一部始終を振り返ってもらった。

（内山岳志）

「音もにおいもなく、突然の出来事だった。救急車で搬送中はものすごい痛みで、もう駄目かもしれないと思った」。大けがをしたのは東区の干物製造販売会社に勤める会社員安藤伸一郎さん(44)。今も後遺症が残り、「昼間は大丈夫だけど、夜は怖くて同じ道を通れない」と話す。

襲われたのは東区北33東16の路上。自宅から出て間もない午前7時18分、地下鉄東豊線新道東駅に向けて歩いている最中だった。ヒグマは数メートル先を歩く安藤さんの後ろから駆け寄り、後ろ足で立ち上がって右前足で背中を一撃した。さらに地面にうつぶせに倒れた安藤さんに覆いかぶさり、右腕にかみついて安藤さんの全身を上下に揺さぶった。右ふくらはぎ、左太もも、左膝にも次々とかみつき、最後は近づいてきたパトカーに接触して走り去った。

「ものすごい勢いで人からタックルされたと思った。右腕をかまれている時に目が合い、ヒグマに襲われていると認識した。殺気立った表情で興奮状態だった」。襲われたのは30秒から1分程度。安藤さんはとっさにあおむけになって体を丸め、手と足で顔や腹部を守り、搬送先の病院の医師から「手足で守り続けたから助かった。意識を失っていたら駄目だったかもしれない」と言われたという。

ただ、けがは深刻で、検査し

たところ、右の肋骨が6本折れて肺に刺さり、肺に穴が空いて息がしにくくなる肺気胸になっていた。出血も激しく、輸血を伴う手術が行われ、爪で肉がえぐられた背中は80針、両腕と両足は計60針も縫った。

入院は3カ月に及び、退院後も歩行のリハビリを続けた。今も背中の痛み止め薬を常用している。左膝は力があまり入らず、サポーターなしでは立っていることも難しく、脚を引きずるような歩き方になった。右手はしびれたままで、重たいものを持てない。

2022年1月、7カ月ぶりに職場に復帰した。スーパーの催事を担当し、店頭に立って自慢の魚の一夜干しを売るのが生きがいだといい、「買ったお客さんがリピーターになってくれた時が一番うれしい。けがで立ち仕事がきつくなったけど、やっぱり接客は楽しい」と笑顔を見せる。

ヒグマに襲われた直後、とっさに取った守りのポーズを現場で再現する安藤伸一郎さん＝3月25日

安藤さんは生まれも育ちも東区で、野生のヒグマを見たことはなかった。あの日も家を出た直後、イオン札幌元町ショッピングセンターの周りにパトカーが数台止まっているのを見かけたが、「店内でなにか事件でもあったのだろう」と気にも留めなかった。

ヒグマは札幌の北に位置する増毛山地から川などをつたって札幌市東区の住宅街に到達したとみられ、安藤さんら4人を襲った後、猟友会のハンターに駆除された。事件を受け、札幌市は22年度、クマが市街地に到達する経路となった伏籠川周辺などの草刈りを行う。見通しをよくすれば、警戒感が強いクマの通り道になりにくくなるためだ。「自分の経験を伝えることが、市民の意識変革につながればうれしい」という安藤さんは対策を歓迎しつつ、こう呼び掛ける。「対策は継続的にやらないと意味がない。札幌はもうどこにクマが出てもおかしくない街になったのだから」

【2022年4月10日掲載】

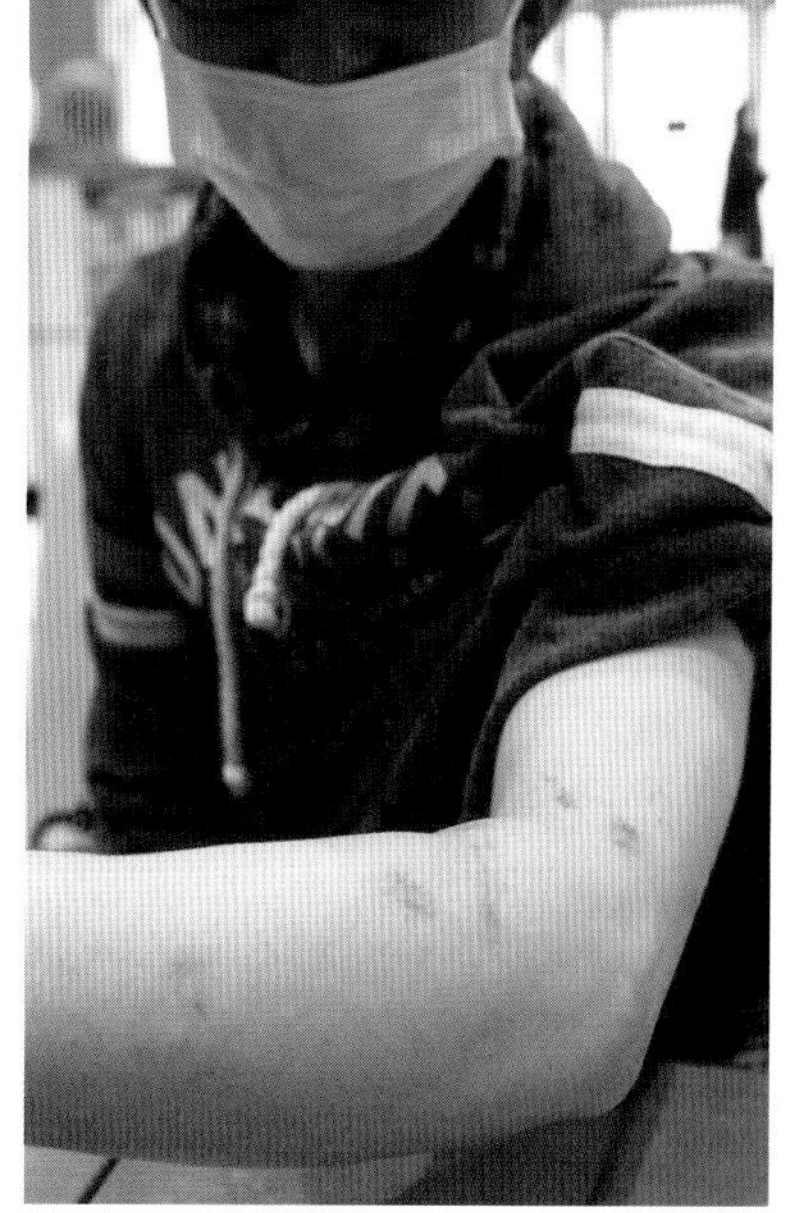

安藤さんの腕に残る傷痕

〈道新デジタル発〉

市街地での被害出させない

被害者に襲われた時の話を振り返ってもらいながら、自分の中で次第に一つの目標ができました。

「市街地でヒグマに襲われて亡くなる人を絶対に出させない」

それからは、ヒグマが市街地に侵入したケースの分析に加え、予防策や被害防止に向けた報道に力を入れるようになったのです。

ヒグマに襲われないためには、市街地に出没しているという情報を市民に伝えることが最も重要です。札幌市の場合、道内の沿岸部のような防災無線が整備されておらず、放送でヒグマの出没を市民に一斉周知する方法がないという課題があります。

その後、市は公式SNSでの情報発信方法を改善。速報性に加え、情報の危険度に応じて「注意」「警戒」「緊急」と段階的に伝えることにしました。調査の結果、目撃情報が見間違いだった場合には、その詳細も伝えるなど、発信方法の工夫が日々なされています。

まさかの出没 警告後手に

目撃情報 周知法に課題

事件の数時間前に目撃情報はあったのに、なぜ被害は防げなかったのか。被害者や近隣住民に10カ月前の状況をあらためて聞くと、行政の広報不足と、「まさか東区に」という住民の油断が背景に浮かび上がる。札幌市は再発防止に向け、広報体制の見直しを進めている。

（内山岳志）

「出没情報がきちんと伝わっていれば…」。当日午前6時15分、東区北20東16の市営団地1階に住む姉崎慶子さん（81）はごみ捨てに出て、クマに襲われた。

クマは午前3時28分、北に約2キロの東区北31東19の路上で目撃されており、姉崎さんは自宅の居間でパトカーがマイクで何かを呼び掛けているのに気がついた。だが「クマがどうとかしか聞こえず、声に切迫感もなかった」と気に留めずにごみ捨てに出てクマに遭遇した。逃げようとしてうつぶせに転んだ後に上を通り過ぎたクマの爪で引っかかれるなど軽傷で済んだが、「近所にいると分かっていたら、ごみ出しになんて行かなかった」と振り返る。

この20分前、約２００メートル離れた北19東16でクマに襲われた会社員男性（76）もごみ捨てに出て被害に遭った。直前にテレビニュースで出没を知り、2階の窓から外をうかがって安全を確認してから外に出たつもりだったが、クマと遭遇。逃げようとして転び、踏みつけられた際に背中に爪痕を残された。「まさか近所にいるとは思わなかった」

クマに背後から襲われてかまれ、１４０針も縫う大けがをした会社員安藤伸一郎さん（44）はあの日、少し寝坊し、テレビをつけないままあわただしく出勤した。家を出てからショッピングセンターの周りにパトカーが数台止まっているのを見かけ、警察がマイクで何か言っているのは分かったが、内容は全く聞き取れなかったという。そして歩き続けること数分後の午前7時18分、北33東16の路上でクマに襲われた。

近隣住民の中にはニュースやパトカーの巡回広報で出没を知り、外出を諦めたり、徒歩ではなく、車での移動に切り替えたりした人もいた。

札幌市は当日午前4時45分、札幌東署からの連絡で出没情報を把握した。だが、東区で最初に目撃情報があった時刻から1時間15分が経過しており、市と警察の連携が十分に取れていたか疑問を残す。

市はこの後、東区に1台ある広報車と消防車両12台を巡回広報に投入したが、最初に広報車が現着したのは1人目が襲われたのと同時刻の午前5時55分。市公式ＬＩＮＥで出没情報を発信したのは4人が襲われた後の午前9時ごろで、住民周知が十分だったとは言い難い。

こうした教訓から、市は21年7月、市街地にヒグマが出没した場合は各区に1台ある広報車を出没地域に集中投入することを決めた。さらに今月中にもＬＩＮＥのヒグマ情報発信を見直し、市民や警察から出没情報の連絡を受け次第、職員を現地に派遣して情報の真偽を確認し、必要なら現地から公式ＬＩＮＥで出没情報を発信し始める。市環境共生担当課は「早ければ職員の現着後、数分以内に情報を発信したい」とする。

全道のクマによる人身事故を調査する道立総合研究機構（道総研）の釣賀一二三研究主幹は「クマは個体数の増加に伴い生息域も広げており、いまや『どんな場所にもヒグマが出ておかしくない』との心づもりが必要だ」と述べ、情報を受け取る側の市民の意識変革も促している。

札幌市公式ＬＩＮＥは事前の登録が必要で、市は利用を呼び掛けている。

【2022年4月20日掲載】

〈道新デジタル発〉

ヒグマが目撃された札幌市東区の元町北小付近を警戒する警察官ら＝18日午前7時20分ごろ

10:59 4G 99%
札幌市
大規模施設の雨水流出…
JavaScriptが無効なため
一部の機能が動作しませ…
12:19
3月31日(木)
【ヒグマ目撃情報】
3月31日14時30分ころ、西区自然歩道「三角山～盤渓ルート」四阿（あずまや）分岐点付近から小別沢方面に200m進んで、さらに登山道から200mほど山中に入った地点で、調査実施時にヒグマによる負傷が発生しました。警察で周辺のパトロールを実施中です。

ヒグマを発見したら大変危険ですので決して近づかず、直ちに避難し110番通報を行うなど十分注意してください。
19:31
4月1日(金)
イベントのおしらせ
【行事名】
豊平区体育館　5月少年少女教室
【日時】
→メニューの表示／非表示

2022年3月、札幌市西区の三角山で冬眠穴の調査員がヒグマに襲われたことを知らせる市公式ＬＩＮＥ。しかし発信は事故から５時間後だった

ヒグマで死傷 最多12人

生息域も拡大傾向

2021年、道内ではヒグマに人が襲われる被害が相次いだ。死傷者が計12人に達したのは、1962年度の統計開始以来初めて。札幌市東区の住宅街にクマが出没し、男女4人を襲撃する想定外の事態が起きたことに加え、山中ではなく、農作業中の被害も続いた。人を怖がらない「人慣れグマ」も増えており、コロナ禍で山菜採りや登山に出かける人が減った結果、クマの活動範囲がこれまでより広がっている可能性もある。（高野渡、内山岳志）

これまで道内のクマ被害による死傷者数は64年度の8人（死者5人、負傷者3人）が最多だった。今季は4月から11月まで長期にわたり、道内の広範囲で被害が発生。4人が死亡したのは、日高山脈カムイエクウチカウシ山で福岡大生3人が死亡した70年度に並ぶ過去2番目の多さとなる。

丘珠事件以来

21年の最大の特徴は、専門家や行政も想定していなかった札幌市東区の住宅街で人が襲われたことだ。6月18日早朝、5～6歳の雄グマがごみ出しや通勤中の男女4人を次々に襲撃し、重軽傷を負わせた。クマは川や水路を伝って市街地に侵入したとみられる。山がない東区での事故は、1878年（明治11年）に当時の丘珠村（現丘珠町）で開拓民夫婦ら3人が死亡した札幌丘珠事件以来、143年ぶりだ。

クマが川を伝って住宅街まで入り込むケースは道内第2の都市・旭川市でも相次いだ。人が襲われる事態には至らなかったものの、石狩川やその支流を伝ってきたクマがJR旭川駅の近くまで接近。市内の出没件数は20年度の47件から90件に急増し、河川敷の野球場や自転車専用道が最長で半年近く使えなくなった。

今季のもう一つの特徴は山菜採りや狩猟中の人が山中でクマに襲われるのではなく、普段から通い慣れた畑での農作業中に襲われるケースが続いたことだ。7月には渡島管内福島町で山林近くの畑を訪れていた女性（77）がクマに襲われ、遺体で見つかった。8月にはオホーツク管内津別町で畑の草刈りをしていた母（66）と娘（39）が負傷した。これら農作業中にクマに襲われる被害は85年度の福島町以来、36年ぶりという。

道によると、道内の20年度のヒグマの推定生息数は1万1700頭で、積雪期の駆除を奨励する「春グマ駆除」を廃止した90年度の5200頭から倍増した。山間部の集落の過疎化も重なり、生息域は拡大傾

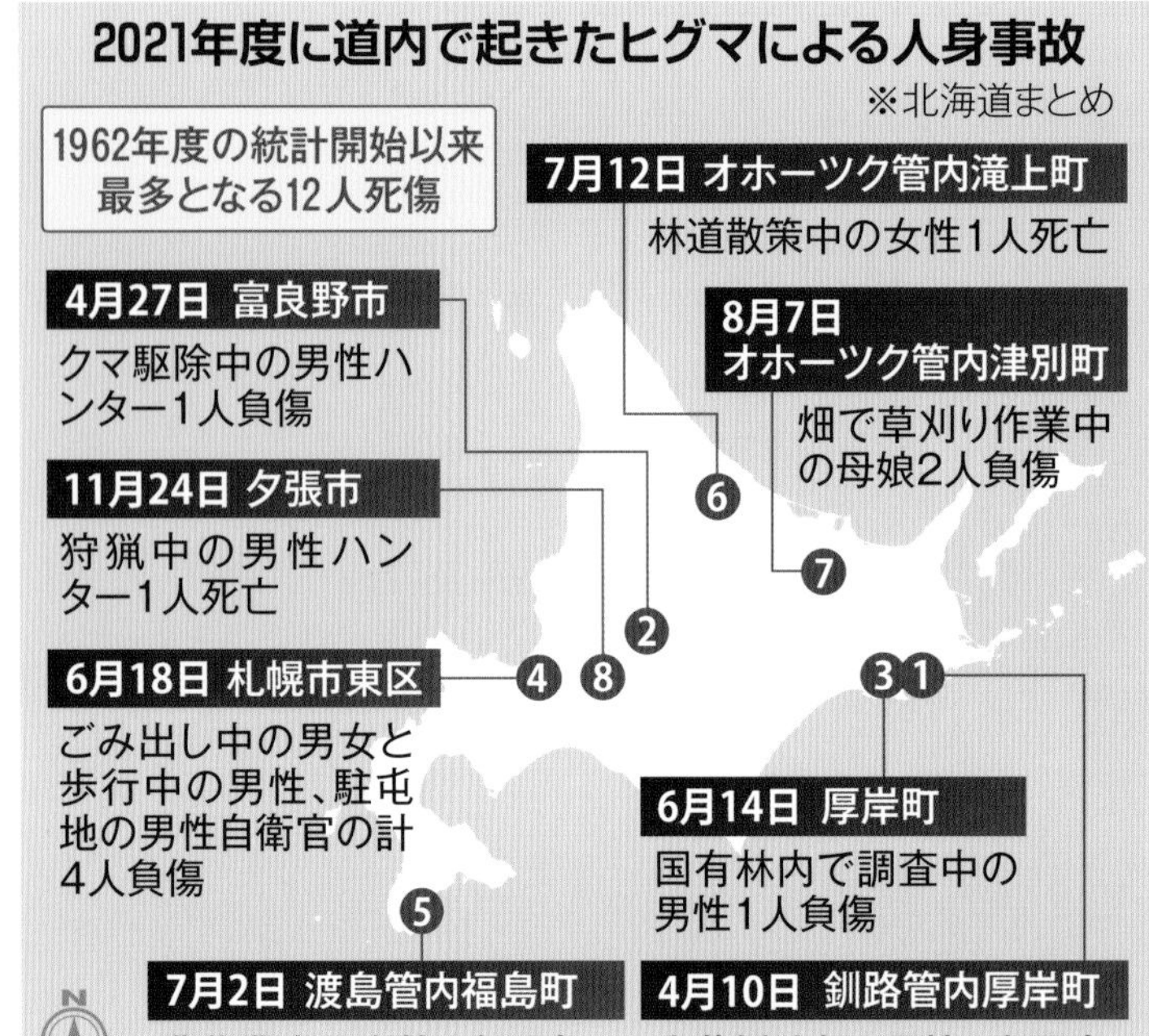

向にある。今季は都市部での目撃も増加しており、道警がまとめた1～11月の目撃件数は前年比2割増の2166件で、過去5年で最も多かった。

コロナ影響?

クマによる被害を調査している道立総合研究機構の釣賀一二三研究主幹は「都市部や畑での事故はめったに起きないが、異常個体による被害ではなく、人とクマの距離が接近してきた結果だ」と指摘。コロナ禍で山に入る人が減り、クマが人里近くまで出てきやすくなった可能性もあるとして「川に近い住宅地や山に近い畑にもクマが出るかもしれないという意識改革が必要だ。人里への侵入対策を強化しなければ、今後も同じことは起きるだろう」と危惧した。

【2021年12月17日掲載】

民家裏の斜面で座り込むヒグマ（左上）。ライトを当てて監視するハンターらの様子をうかがう＝2018年8月9日午後11時、後志管内島牧村

農家の敷地で堆肥用に発酵させている米ぬかに寄りつくヒグマ＝2018年8月17日午後8時30分、檜山管内上ノ国町（無人カメラ使用）

106年ぶりにヒグマが確認された利尻島の海岸で足跡を調べる研究者ら＝2018年6月6日、宗谷管内利尻町

何かの間違いだろう

2022年3月14日、札幌市西区の三角山―盤渓ルートの自然歩道付近に「ヒグマの巣穴（冬眠穴）がある」との情報が寄せられ、市は14日夜、自然歩道を緊急閉鎖すると発表しました。三角山（311メートル）といえば、藻岩山、円山と並び、真冬でも多くの市民が登る人気の低山です。数週間前に、私も職場の仲間とスノーシューハイクを楽しんだばかりでした。「何かの間違いだろう」。正直、そんな感想を抱きました。

2日後には市も、痕跡はなかったとして自然歩道の閉鎖を解除しました。「やれやれ」と思いながらも、可能性が消えたわけではありません。ヒグマを担当する市環境共生担当課には「三角山の穴、大丈夫なんですよね？」と取材の度に念を押していました。そして年度末の31日、「三角山で人がクマに襲われた」との一報が警察担当者から入ったのです。

嫌な予感を胸に、同僚と現場に急行します。移動中の車内で、被害に遭ったのは冬眠穴の調査に行った札幌市が委託するNPO職員男性2人だと分かりました。現場取材でお世話になっている人の顔が浮かびます。

救急車で搬送される写真を現場で見せてもらいました。頭から血を流し、布で頭をぐるぐる巻きにされていましたが、その人であることがすぐに分かりました。

2022年3月 札幌・三角山

クマに襲われ2人けが

冬眠穴調査中

3月31日午後2時半ごろ、札幌市西区山の手の三角山（311メートル）で、ヒグマの生態調査をしていた札幌市の47歳と58歳の男性2人がクマに襲われ、それぞれ頭と腕に大けがを負った。札幌西署などによると、道内で人がクマに襲われたのは今年初めて。

登山口に下山後、搬送される男性＝31日午後3時30分、札幌市西区山の手

男性2人がヒグマに襲われた地点

同署などによると、2人は札幌市の委託を受けたNPO法人職員。クマの冬眠穴の調査に訪れ、1人が穴をのぞき込んだところ頭をかまれ、もう1人がクマよけのスプレーをかけて助けようとした際に腕をかまれた。2人は自力で下山し、病院に搬送された。現場は住宅街に近い三角山の頂上から、西に約500メートルの登山道近くの斜面。

市によると、3月14日に三角山に冬眠穴があるとの目撃情報が寄せられ、登山道を閉鎖。15日に調査したが穴は確認できず、16日に閉鎖を解除した。再度穴の有無を調べるため、2人は31日、市職員らと共に計5人で現地調査に訪れた。

同行した市職員によると、クマは斜面の下に転げ落ちるように逃げたという。市環境共生担当課の浜田敏裕課長は「ハンターを同行させるべきだった。けが人がでたことは申し訳ない」と話した。

ヒグマの会の会長を務める坪田敏男・北大獣医学研究院教授は「道内で過去にヒグマの研究者や調査員が山中で襲われたのは恐らく初めてではないか」と指摘。個体数の増加で人里や登山道付近でも冬眠している可能性が高まっているとして、「穴を見つけても、のぞいたり近づいては絶対だめ」と注意を呼び掛けている。

2021年度のクマによる人身被害は今回の2人を加え計14人（死者4人）となり、1962年度に統計を始めて以来最多となった。

【2022年4月1日掲載】

生息域 住宅街に迫る

札幌市西区の三角山で冬眠穴を調査していた男性2人を襲ったヒグマは、子グマ2頭の子育て中だったことが4月1日、札幌市の調査で分かった。今回の事故は、調査で穴に近づいたことがきっかけになったが、穴は住宅街からわずか約500メートルしか離れておらず、登山客らが近づいてもおかしくない場所だった。個体数の増加を受け、クマの生息域が人里近くに迫っていることが改めて浮き彫りとなり、専門家は「クマは山の奥で冬眠しているという認識を根本から変える必要がある」と警戒する。

「妊娠中の雌グマは慎重に冬眠穴を選ぶもの。住宅街や登山道にも近い場所で子育てしていたとは」。知床財団の山中正実前事務局長（62）は驚きを隠さなかった。母子グマの冬眠穴は、冬場でも週末には数十人が行き交う登山道から200メートルの場所にあり、酪農学園大の佐藤喜和教授（50）も、「母グマは人が行き来し、車が走る音が聞こえる場所で生まれ育った人慣れした個体だろう。それにしても、冬眠穴が人里に近すぎる」と話した。

登山客ら行き来

札幌西署などによると、クマに襲われた男性2人は札幌市の委託を受けてクマの生態を調べていたNPO法人職員。3月31日午後2時半ごろ、職員1人（47）が穴の周辺を持参したつえで突いて反応を調べていたところ、クマが穴から飛び出し職員の頭にかみついた。クマは熊撃退スプレーを噴射したもう1人の職員（58）にも襲いかかり、右ひじと背中をかんだという。

三角山では3月14日、登山客から「ヒグマが冬眠する穴がある」との通報があり、市は登山道を閉鎖。翌15日に市職員が周辺を調査したが、穴やクマの痕跡は見つからなかった。登山客は穴の写真も提供していたが、今回襲われた男性2人が所属するNPO法人が「冬眠穴の可能性は低い」と助言。これを受け、市は同16日に登山道の閉鎖を解除し、穴の近くを市民が自由に行き来していた。

3月31日の調査には通報した登山客も一緒に参加したため、すぐに穴にたどり着くことができたが、ハンターは同行しておらず、クマに襲われる事態が起こることは想定していなかった。市環境共生担当課は「クマがいる可能性は低いと考えていた。もっと慎重に判断するべきだった。認識が甘かった」と釈明した。

個体数回復続く

道内のヒグマの個体数は、道が残雪期にクマを積極的に駆除する「春グマ駆除」を実施した1966年から90年に、一時は絶滅が危惧されるほど減少した。しかし近年は個体数の回復が続いており、生息域が人里近くまで急速に拡大している。

坪田敏男・北大獣医学研究院教授は「春グマ駆除が行われていたころは、三角山周辺で冬眠する個体がいることは考えられなかった。今回のクマ以外でも、市街地周辺で冬眠しているクマがいてもおかしくはない状況だ」と懸念する。

今回はクマの生態に詳しい調査員2人が被害にあったが、市民がクマに遭遇した場合はより大きな事故につながる懸念が強い。知床財団の山中さんは「穴の中にクマがいるかを判断するのは専門家でも難しい。市民は絶対に近づかず、行政も周囲を閉鎖して雪解け後に調査するなど慎重な選択肢を検討してほしい」と求めた。

（尹順平、岩崎志帆、内山岳志）

【2022年4月2日掲載】

「そんなに近くで」激震走る

三角山で2人が襲われた翌日、さらに衝撃的な事実が判明します。札幌市の現地調査で、生まれて2カ月ほどの子グマ2頭が冬眠穴の中で見つかったのです。穴は住宅街から500メートルほどしか離れておらず、専門家の間でも「そんなに近くで繁殖しているとは」と激震が走りました。

「この子グマはどうなるのか?」という新たな問題が浮上したのです。市は、穴の出口が写るように無人カメラを設置し、襲撃後逃走した母グマが戻ってくるかどうか監視を続けましたが、姿は映りませんでした。中にいたはずの子グマも、20日後には忽然と姿を消していました。

カメラには穴からはい出したりキツネに襲われたりする様子も映っておらず、行方は謎のまま。何の罪もない幼いクマの命が失われたかもしれないと思うと、心が痛みました。

三角山2人負傷1週間
子グマ2頭 残されたまま

札幌市西区の三角山で、NPO法人職員の男性2人がヒグマに襲われて負傷した事故から4月7日で1週間となる。市はクマが冬眠していた穴の監視を続けるが、6日夕までに戻った形跡はなく、穴の中には子グマ2頭が残されたままになっているとみられる。市には子グマの保護を求める声が寄せられているが、母グマが近くにいる可能性などを踏まえ、保護も駆除もしない方針。市が委託した調査が事故につながったとの見方もあるが、市街地近くの穴を放置することはできず、安全な調査方法などの検討を進める。

（岩崎志帆、内山岳志）

母グマが飛び出し2頭の子グマが残された三角山の冬眠穴＝4月1日午後、札幌市提供

「母グマは冬眠穴に戻っていないが、監視カメラは穴の中に動きを感知した。現時点では、子グマが生存している可能性がある」。札幌市環境共生担当課の浜田敏裕課長は6日夕、現状をこう説明。ただ、市は今後も静観する方針で、「さまざまな意見があることは理解しているが、監視を継続する」と話した。

市の委託で調査していた男性2人は穴から出てきたクマに襲われ、右腕骨折などの大けがを負った。穴には生後2カ月の子グマ2頭がおり、市は「人を襲ったのは子グマを守ろうとした行動」と判断。逃走した母グマは駆除せず、周囲を立ち入り禁止とし、1日に穴近くに監視カメラを設置した。

市には5日までに「子グマを保護してほしい」などの意見が74件寄せられた。道が定めている「子グマを発見した場合の対

応方針」は、近くに母グマがいる可能性などを考慮し、安易な捕獲は避けるよう規定。人に危害を与える恐れがない限り、原則的に静観するよう求めている。

市の対応は、この方針を踏まえたもので、2021年度まで道ヒグマ保護管理検討会で座長を務めた東京農工大の梶光一名誉教授（68）は「野生動物には手を出さないのが原則。かわいそうだが仕方がない」と話す。

のぼりべつクマ牧場（登別市）の坂元秀行飼育係長（56）は「経験上、生後2カ月のクマが母グマから離れたら、1週間以上生存するのは難しい」と説明。事故当時、母グマはクマ撃退スプレーを2度噴射されており、坂元さんは「子グマのことは心配だが、人間が怖くて穴に戻れないのではないか」と推測した。

市には「そもそも、なぜ冬眠穴を調査したのか」との意見も寄せられているが、今回の穴は住宅街から500メートルしか離れていない。春になり、登山道を行き来する人が増えていたこともあり、市は「市民の安心安全の確保に向け、状況確認は必要だった」とする。

ただ、市が冬眠穴を調査するのは今回が初めてで、ハンターを同行させるかなどを決めるための内部基準もなかった。「ヒグマの巣穴がある」との情報を受け、3月15日に行った調査では穴を見つけられず、登山道の閉鎖を解除しており、31日の調査でもクマがいる可能性は低いとみていた。

市環境共生担当課の浜田課長は「今後も市街地の近くで穴が見つかる可能性があり、より安全な対応策や基準が必要。月内にも事故の検証報告をまとめて、検討を進めたい」と話している。

【2022年4月7日掲載】

三角山全面閉鎖に困惑

札幌市西区の三角山でNPO法人の職員2人が負傷したヒグマ事故から1週間余り、散歩などで日常的に登る愛好家が困惑している。気軽に登れて地域に親しまれているが、閉鎖が続くためだ。ただ、南区の藻岩山では3月にクマの足跡が相次いで見つかるなど、近隣の山でもクマと遭遇する恐れがある。春山シーズンを前に、専門家は住宅街近くの山でもクマに備えた準備を求めている。

「三角山の散策は新型コロナ禍でも密にならず、市民の憩いの場になっている中、全面閉鎖はいただけない。植生を12日に調べようと考えていたが、この事故で中止になると思う」。環境保護に取り組む「三角山の緑を守る会」事務局長の小関文夫さん（73）は戸惑いを隠せない。同会は登山愛好家ら170人ほどが所属し、小関さんも週1回、三角山に登っている。

3月31日、NPO法人の男性2人がクマの冬眠する穴を調べていて母グマに襲われ負傷。市は登山口3カ所と自然歩道を閉鎖し、解除時期も未定。例年は5月の大型連休にかけて入山する人が増えるといい、小関さんは「監視員を立たせるなどして日中だけでも山道を開けてほしい」と求める。

市中心部から西側には三角山や藻岩山のほか、大倉山、円山など標高200〜300メートルの気軽に散策できる山が並ぶ。山中を走る「トレイルラン」も行われている。

三角山の事故を受け、近隣の山に入る愛好家も危機感を抱く。NPO法人藻岩山きのこ観

三角山の全面閉鎖を知らせる看板＝8日午後0時25分、札幌市西区

察会の中田洋子理事長（75）は「驚きです。クマが身近に迫ってきている」。5月から藻岩山に月1回ほど観察のため入るが、会員にあらためて注意を呼びかけるつもりだ。藻岩山に毎日登るという日本山岳会北海道支部の藤木俊三支部長（66）も、「近いので安心できない」と話す。

クマの生態に詳しい東京農工大の梶光一名誉教授（68）は「札幌市民にとって、野生動物は田舎の問題、という意識を変えなくてはいけない時期にきており、三角山の事故はその分岐点と言える」と指摘する。

道内の山に詳しい山岳ガイド立本明広さん（52）＝小樽市在住＝は「自分の存在をクマに分かってもらうことが重要」と強調する。入山時には①鈴やラジオを持参する②1人で歩かない――と呼びかけている。

（菊池圭祐、内山岳志）

【2022年4月9日掲載】

母グマは昨夏にも出没か

札幌市は4月27日の市ヒグマ対策委員会で、NPO法人職員の男性2人が母グマに襲われた事故について、「原因は、穴にクマがいる可能性は少ないと思っていたため」と総括し、安全対策に不備があったことを改めて認めた。穴にあった毛の分析から、2人を襲った母グマは2021年夏に西区で採取された毛のDNAと同じだったと明らかにした。

委員会に出席した環境局の吉津智史・環境管理担当部長は「人的被害が起き非常に残念。ご心配をおかけした」と述べた。冬眠穴の調査については「市民の安全のため必要だった」と強調した。穴に残された毛のDNA解析から、21年夏に西区の小別沢地区などに出没した個体と一致したと説明。冬眠していた母グマが21年から西区周辺で生活していたとみられる。

穴にいた子グマがいなくなったことについて、市は穴の近くに設置していた自動撮影カメラに、子グマが出て行ったり、他の動物に連れ去られたりした様子は撮影されていなかったと説

札幌市ヒグマ対策委員会で報告された三角山事故の総括と今後の対応

総括	市民生活の安全安心確保のため、調査は必要だった
	ヒグマは「さっぽろヒグマ基本計画」などに基づき、保護・捕獲しなかった
	ヒグマの冬眠穴の可能性がゼロではないにも関わらず、安全面の検討が不十分だった
今後の対応	調査時はヒグマとの遭遇などの危険を想定し、関係者で共有する
	ドローンのような新たな技術の導入など、より安全な調査手法を検討する
	冬眠穴の調査は発見地点や時期により必要性を判断する
	猟友会への出動要請を含め、冬眠穴と判断した場合の対応を検討する
	三角山の登山道は猟友会が安全を確認した上で大型連休明けに閉鎖を解除する。注意喚起の看板も設置する

札幌市ヒグマ対策委員会で報告された三角山事故の総括と今後の対応

明。写真の撮影間隔が1分ほどあり「転送にも時間がかかり、完全には捉え切れなかった」とした。三角山の事故について市には計153件の意見が寄せられ、捕獲に賛成する意見が6件と少なかったのに対し、56件が捕獲に反対だった。このうち、冬眠穴に残された「子グマが心配だ」という意見も84件あった。

（岩崎志帆、内山岳志）

【2022年4月28日掲載】

調査のベテランが、なぜ？

三角山でヒグマに襲われたAさんが現場に復帰したと聞き、胸をなで下ろしました。というのも、責任感の強いAさんのことなので、このままヒグマに関わる仕事から離れてしまうのではないかと心配していたからです。

大学の先輩で年齢も近く、共通の知り合いもたくさんおり、みなその後を気にしていました。今回の調査は札幌市の委託事業でもあるため、意を決して市を通じ取材を申し込みました。取材を受けるなら、最初は私にしませんか——と。

しばらくしてメールに返事がありました。「お受けします」

長年ヒグマ調査に携わってきた専門家がなぜ、今回のような事故に巻き込まれてしまったのか。それが一番知りたいことでした。市の担当者同席のもと、本社2階の一室でインタビューが実現しました。

発言をまとめた記事をクマ担当の同僚に見せると、「これって典型的な正常性バイアスですよね」と指摘されました。

「それだ!」。記事の方向性が決まりました。

穴覆う大雪　判断惑わす

クマの生態に詳しいはずの職員がなぜ襲われたのか。最初に被害に遭ったAさん（47）に当時の状況や心理状態を振り返ってもらった。

（内山岳志）

「あれ、思ったより大きい」。Aさんは3月31日、冬眠穴らしき穴を見つけたとの市民の通報を受け、同僚と三角山の現場を訪れた。所属するNPOは市の委託でクマの生態調査や対策を担っており、穴の調査もその一環だった。

半月前に通報者から提供された写真では横30センチ弱、縦数センチから10センチの細長い穴だった。だが実際の穴は横50センチ、縦75センチほど。「本当に冬眠穴かも」。Aさんはこう思いつつ、唐辛子エキスが入ったクマ撃退スプレーを構えず、穴の斜め上からつえで入り口付近をトントンと突いた。

その直後、「モゾモゾとクマが出てきた」。体長150～170センチ、体重は100キロ前後。Aさんは逃げようとしたが、クマに引きずり下ろされ、うつぶせに倒れた。とっさに背負っていたザックを頭に載せ、両腕を首の後ろに組む防御姿勢をとった。「頭を押さえつけられ、左肘をかまれたが、刺激しないよう一言も発せず様子を見ていた」

斜面を登って逃げ始めていた同僚はAさんが襲われているのに気づき、「穴に引きずり込まれそうだ」と助けに戻った。だが、雪で足がもつれてクマに近づきすぎてしまい、スプレーを噴射している最中に右腕をかみつかれた。

　Aさんは、クマが同僚に襲いかかったすきに起き上がり、スプレーをクマの顔に噴射。クマは顔をオレンジ色に染めながら、一声もあげずに斜面を駆け降りていった。Aさんは頭と左肘から出血、同僚は右肘の骨が欠ける重傷だった。

念のための措置

　半月前に提供写真を見た時は①冬眠穴ならクマの体温で周囲より雪解けが進むが、その形跡はない②住宅街から400～500メートルと近く、冬眠に適していない――として「冬眠穴の可能性は低い」と判断した。現地調査は、三角山は冬も登山客が多いことを踏まえた念のための措置だった。

　後で気づいたことだが、写真は2月に撮影されたものだった。クマの体温で穴が広がっても、雪が多い今年はすぐにふさがる状況で、Aさんは「撮影時期や降雪状況を確認しておらず、正しい判断ができなかった」と自戒を込める。

　さらにAさんは、写真で見たより大きいという異変を現場で感じつつ、穴に近づいた。冬眠穴を10カ所以上調査したことがあるが、市街地とこれほど近くの調査は初めて。異例の経験だけに、「最初に冬眠穴ではないと判断した自分を肯定したい気持ちがあったかもしれない。私の判断ミスと油断が事故を招いた」と語る。

バイアスかかる

　人は予期せぬ事態に直面しても、過小評価して「正常の範囲内」だと認識することがある。過剰に反応すればストレスになるため、「正常性バイアス」と呼ばれるこの心理的作用で心の平静を保つが、災害時は避難の遅れなどにつながることもあり、Aさんもこの心理状態だった可能性がある。

　母グマは穴に戻らず、中にいた子グマ2頭もしばらくして姿を消した。市によると、穴にあった毛は2010年と15年に中央区盤渓の森林、19～21年に西区小別沢の市民農園で採取した毛の個体と同一と判明した。雌を求め数百キロ移動する雄と違い、雌の生活圏は狭いため、母グマはこの一帯で生まれ、12年以上暮らしてきたと推定される。Aさんは「人里近くで繁殖を繰り返せば、生まれたクマも人里近くで暮らすようになりかねない」と警戒を呼び掛けている。

【2022年6月19日掲載】

冬眠穴調査でヒグマに襲われた際の状況を説明するNPO職員のAさん

〈道新デジタル発〉

〈道新デジタル発〉

人間の本能が生む錯覚

三角山で人身事故が起きた後、札幌市内で新たな事態が発生しました。「ヒグマのようなものを見た」という通報が相次いだのです。しかも目撃場所は北区、東区、白石区といった山や森林と接していない地域から。調査の結果、ヒグマの足跡や毛などの痕跡はなく、付近の防犯カメラにも姿が確認できないケースばかり。黒い服を着た人や犬、子ギツネを見間違えたと判明した例もありました。

目の錯覚の仕組みを研究する専門家に取材すると「クマがいるかもしれない、と思うと何でもクマに見えてしまうんですよ。そしてそれはヒトの本能が、自分に害悪をもたらしそうな危険を検知する心理的な仕組みを発達させてきたからです」と説明してくれました。

街なかで、嫌いな上司や苦手な先輩がいたと思ってドキッとすること、ありますよね？　まさにそれです。こうした見間違い事例は、市民の不安感の高まりとともに発生しており、2023年も、クマの市街地出没が相次いだ札幌市内や室蘭市などで起こりました。

見間違いをなくすには市民の不安感を解消することが不可欠で、行政の丁寧な情報発信が求められます。目撃情報を打ち消すことも不安を低減させる方法の一つ。私たちメディアも、いたずらに不安をあおらない報道の仕方を模索すべきだと感じています。

「クマ？」増える通報

不安感　誤認の一因に

札幌市内の市街地やその周辺で2022年4月以降、「クマのような動物を見た」という通報が相次いでいる。ただ、ふんや毛などの痕跡が見つからず、キツネなどをクマと誤認したとみられる例も少なくない。3月末に西区の三角山の登山道近くでクマの調査に当たっていたNPO職員2人が襲われた事故もあり、専門家は「クマへの不安感があるとそう見えてしまうことがある」と指摘している。

札幌市は警察や市民からヒグマの目撃情報が寄せられた場合、現地に出向いて①足跡や毛などの痕跡の有無②防犯カメラやドライブレコーダーの画像――などを確認し、明らかな根拠がある場合はホームページの「ヒグマ出没情報」の一覧に「ヒグマを目撃」として記載している。

一方、目撃者が1人で痕跡や画像がなく、出没場所も踏まえれば見間違いの可能性がある場合は「ヒグマらしき動物を目撃」と記す。本年度は5月28日時点で昨年度1年間と同数の14件に上る。札幌市北区あいの里の住宅街で4月19日夜と20日朝に相次いだ目撃情報は児童が集団下校するなど騒ぎとなったが、市は明確な根拠は確認できなかったとして「らしき」に分類している。さらに4月28日の白石区北郷など4件の目撃情報は明らかにキツネや犬などをクマと誤認したと判断し、一覧に掲載していない。

「ヒグマのような動物」の目撃情報が相次ぐ背景には、市民の不安感の高まりがあるとみられる。今年3月には三角山の登山道近くでクマの冬眠穴の調査に当たったNPO職員2人が襲われたばかりで、市は「この事故が引き金となって市民の不安感が増した」とみる。

「ヒグマらしき動物」の目撃があったことを知らせる札幌市の掲示板＝4月20日、札幌市北区あいの里

21年6月には東区の住宅街など市街地にヒグマが出没し、ごみ出しに出た男女2人や通勤中の会社員、門衛の自衛官の計4人が重軽傷を負った襲撃事故もあり、市は22年から公式LINEで出没情報の速報を始めた。市民の不安をいたずらにあおらないよう、痕跡がなかった場合や見間違いと確認した場合には続報も出している。

信州大の菊池聡教授（認知心理学）によると、人間は目（網膜）に入ってきた光学情報だけでなく、本人の知識や経験に基づく情報も足し合わせて、目で捉えたものが何かを認知する。つまりクマが出没するという知識がなければクマを解釈することはできないが、知識があれば、暗がりや遠くで見たものがクマに見えてしまうことがあり得るという。

信州大地域防災減災センター長も務め、リスクコミュニケーションも専門とする菊池教授は「市民が不安になる最大の要因は情報不足だ。ヒグマ情報は危険情報なので、内容がはっきりしなくても市民に知らせる方が良い。一時的に市民の不安は募るかもしれないが、その後の調査状況なども丁寧に公開していけば、不安は徐々に解消されていくはずだ」と話している。

（矢野伶奈、内山岳志）

【2022年5月30日掲載】

札幌市内の「ヒグマらしき動物」の目撃情報

4月15日	清田区清田6の1
19日	北区あいの里4の2
20日	北区あいの里2の6
21日	東区北13東12
21日	東区北31東14
22日	白石区菊水元町7の1
23日	**白石区菊水元町7の1→キツネか?**
24日	東区東苗穂4の1
26日	手稲区富丘4の5（富丘西公園内）
26日	北区あいの里4の9
5月10日	南区澄川2の1（精進川公園横）
17日	中央区界川4（旭山記念公園内）
18日	北区篠路町福移
20日	南区真駒内

（札幌市HPより）

札幌市が誤認と判断し、HPに掲載していない目撃情報

4月26日	**北区篠路町ペケレット湖→黒い服を着た人**
28日	**白石区北郷2の6→散歩中の犬**
5月8日	**南区南沢→黒っぽい毛の子ギツネ**
17日	**清田区真栄（里塚霊園付近）→繋がれていない犬**

〈道新デジタル発〉

ヒグマに強い街づくり

札幌市東区でヒグマが大暴れしたのとほぼ同時期に、北海道第2の都市旭川でも、市中心部にクマが現れました。場所はＪＲ旭川駅のすぐ裏手、石狩川支流の忠別川沿いでした。

現地を訪れ「クマ目線」で歩いてみると、旭川の中心部は大きな川が何本も入り込み、河畔林がうっそうと茂っていました。「これなら人に姿を見られずに安心して歩けるぞ」とクマも感じたはずです。

２０１９年12月には帯広でも、川伝いに中心市街地まで入り込んだクマが駆除されています。川や水路は市街地侵入の主要経路となることがはっきりしてきました。闇夜に紛れて川伝いに入り込まれると人目に付きにくく、気付くのも遅れがち。その結果、市中心部まで侵入を許してしまいます。

都市部のヒグマ対策に取り組む酪農学園大の佐藤喜和教授は、地震や津波といった自然災害と同じように、「ヒグマの市街地侵入に強いまちづくり」を提唱しています。「クマ視点」を生かした都市計画づくりは、今後ヒグマの暮らす北海道では必須となりそうです。

2021年9月 旭川市

クマ 川伝い街へ次々

侵入防止策 難しく

道内でヒグマが川や水路を伝って市街地に侵入するケースが相次いでいる。旭川市では２０２１年６月以降、ＪＲ旭川駅のすぐ裏の忠別川沿いなどでふんが見つかり、市は２カ月にわたって河川敷を閉鎖した。札幌市でも６月に水路を伝って東区の住宅街に入り込んだクマに男女４人が襲われ、９月には南区の国道で豊平川を北上してきたとみられるクマ２頭が目撃された。各自治体は河川敷の草木除去や見回りなどクマを近づけない対策を進めているが、川からの接近を完全に防ぐのは難しく、頭を悩ませている。

（前田健太、内山岳志）

「クマが出たのは家のすぐ近所。日中しか外出せず、河川敷には近づかないようにしている」。旭川市忠和の忠別川近くに住む無職佐藤京子さん（86）は不安げに話した。河川敷の自転車道には通行止めの規制線が張られ、クマ出没への注意を呼びかける看板が立っていた。

旭川市の中心部にクマが姿を見せ始めたのは6月。同月19日に、JR旭川駅の南側を流れる石狩川支流の忠別川沿いでふんが見つかったのを皮切りに、その後も駅周辺の別の支流沿いや住宅街で目撃情報が相次いだ。

捜索　ドローン活用

市によると、20年度の市内のクマ出没情報は47件だったが、21年度は9月10日現在で84件に上る。約4分の1は旭川駅周辺を含む市街地で、市は「複数のクマが出没している可能性が高く、過去に例がない異常事態だ」と警戒する。

市は目撃情報などから、クマは石狩川や支流を通り道とし、付近の山林と市街地を行き来していると推測する。「被害が出る前に対処が必要」と駆除する方針を決め、ドローンや、訓練された対策犬「ベアドッグ」も活用してクマを捜索している。だが市中心部は、河川敷を含めて鳥獣保護法の規定で銃による駆除は禁止され、市は河川敷2カ所に箱わなを設置するしか手だてがない状態だ。

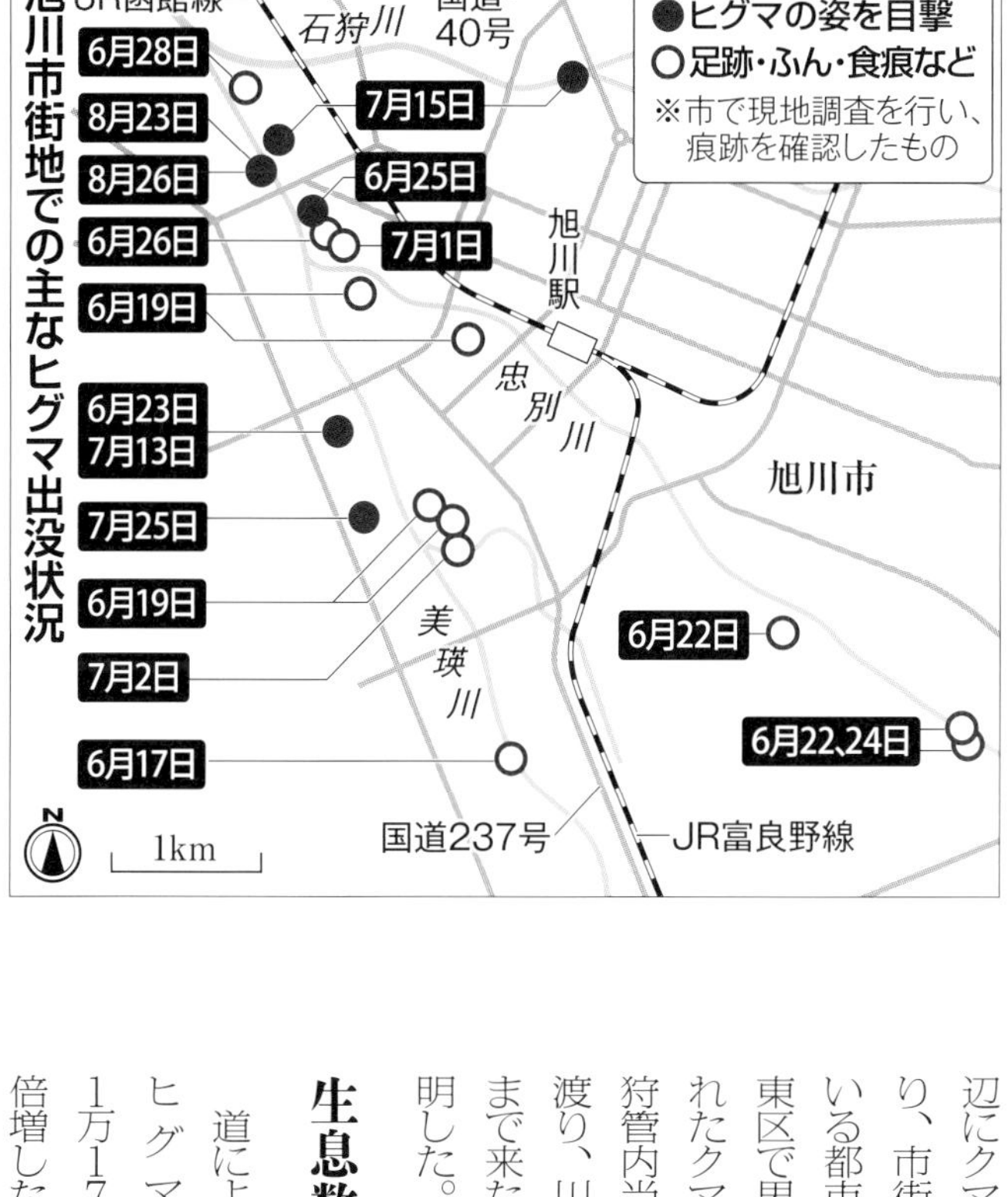

道内では旭川市に限らず、周辺にクマが生息できる山林があり、市街地まで川が流れ込んでいる都市は多い。6月に札幌市東区で男女4人を襲って駆除されたクマは、専門家の調査で石狩管内当別町方面から石狩川を渡り、川や水路を通って住宅街まで来た可能性が高いことが判明した。

生息数　30年で倍増

道によると、道内の20年度のヒグマの推定生息数は1万1700頭で、30年前から倍増した。クマが川を伝って市街地に侵入することはこれまでもあったが、21年は特に出没件数が多い。道は来春改定する「道ヒグマ管理計画」（22～26年度）の素案で、「防風林」などに加え、新たに「水路」もクマの人里への侵入経路に位置付け、対策の強化を目指す。

ただ、全ての川や水路にクマの侵入を防ぐ柵などを設置することは難しい。河川敷の草木を除去し、クマが身を隠して移動できる場所を減らす対策が効果を上げている地域もあるが、川からの侵入を完全に食い止めるのは事実上不可能だ。

道立総合研究機構の間野勉専門研究主幹は「クマが川伝いに市街地に入り込む可能性は全道どこでもあり得る。出没情報が出ている時は河川敷に近づかないようにするなど注意が必要だ」と話している。

【2021年9月12日掲載】

JR旭川駅のすぐ裏側の忠別川堤防に立てられたヒグマ出没の注意を呼びかける看板

標茶町で撮影されたヒグマ
「オソ 18」＝2023 年 6 月
（同町提供）

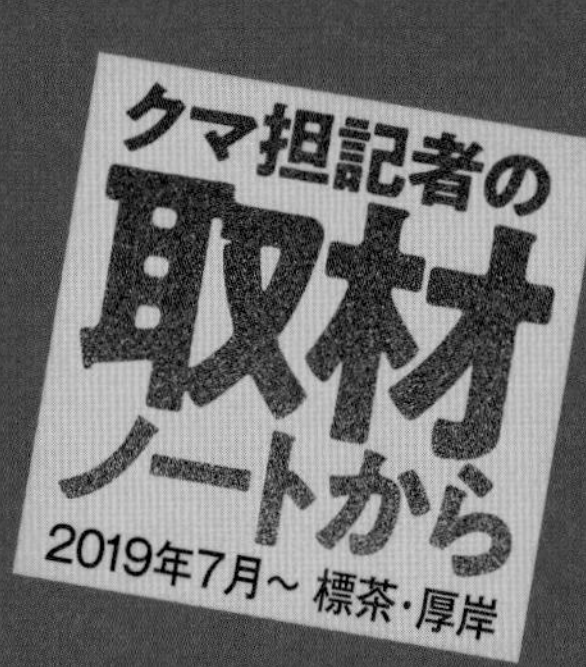

ＯＳＯ18登場

「クマに襲われ乳牛死ぬ」。２０１９年７月17日付の朝刊に小さな記事が載りました。釧路管内標茶町オソツベツの牧場で、放牧中の乳牛１頭がヒグマに襲われたことを伝えたものです。これが、５年にわたって計66頭もの牛を襲う、通称ＯＳＯ18（オソジュウハチ）による惨劇の幕開けでした。

名前は、オソツベツのオソと、現場に残されていた前足の幅が18センチだったことに由来します。明治の開拓期にも、家畜がクマに襲われる被害が多くありましたが、１頭のクマがこれほど多くの牛を襲ったケースは道の記録にもありません。

オソはなぜ牛ばかり襲うようになったのでしょうか。酪農学園大の佐藤教授に疑問をぶつけると「原因は増えすぎたエゾシカです」と意外な答えが返ってきました。クマのふんからシカの毛が頻繁に見つかるようになったのは２０００年代以降。急増したシカがヒグマの餌である草本類を食べ尽くした結果、クマはシカを食べるようになったといいます。過去10万年間で比べても、シカの生息数は過去最多水準にあるという研究成果も出ました。初めは死んだシカを食べ、次第にシカを襲うようになったところに、死んだ牛を食べてしまったオソは味を占め、牛を襲うようになった――。そんな「肉食化」の流れが見えてきたのでした。

オソの最期は意外な幕切れでした。23年７月30日に釧路町内の牧野で見つかり、逃げる様子もなく銃で駆除されていたのです。しかも、既に食肉処理場に運ばれ、東京都内や釧路市内の飲食店で客に提供されていました。都内で働く私も、店で肉となったオソと対面することになりました。

2019年7月〜 標茶・厚岸

牛襲う「忍者グマ」

「オソ18」被害60頭超す

釧路管内標茶、厚岸両町で2019年7月以降、放牧中の牛がヒグマに襲われる被害が相次いでいる。22年7月も1日と11日に牛4頭が死傷し、被害は27件計61頭になった。毛のDNA鑑定などから同じ雄グマの仕業とみられるが、忍者さながら人知れず行動し、目撃されたのは最初に被害が出た19年7月だけだ。地元で「OSO18（オソジュウハチ）」と呼ばれる老練なクマと、駆除を試みる関係者の闘いを追った。

（内山岳志）

ヒグマによる牛の被害状況

7月1日正午ごろ、標茶町阿歴内を車で通りかかると、牧草地に面した道路脇に10台ほどの車が止まっていた。クマ襲撃の被害状況と今後の対策を取材するため同町を訪れていた時だった。

威嚇に慣れ？

車を止めると、猟銃を持つ複数のハンターがおり、ほどなく内臓を食べられた牛を重機が運んできた。22年最初のクマ襲撃被害だった。現場は20〜21年にも牛5頭が襲われ、光と音で動物を追い払う装置を設置していた。調査に来た町林政係の宮沢匠係長（38）は「装置は正常に作動していた。慣れてしまったのか」と険しい表情で語った。

その後、現場に残された毛のDNA鑑定から、オソの仕業だと判明した。11日にも、約20キロ北側の同町上茶安別の放牧地で死んだ牛1頭が見つかり、足跡の大きさなどからオソの連続襲撃の可能性が高いという。

オソ18に襲われて死んだ牛を運ぶ重機＝7月1日、標茶町阿歴内

1頭目の被害は19年7月。同町下オソツベツの高橋雄大さん（35）は、牛舎に戻らない乳牛を探して放牧地を歩き回っていた。斜面を下りて低地の茂みに行こうとした時、つまずいて「うおっ」と声を上げると、クマが

茂みから飛び出ていった。近くには、腹から血を流し、首を折られた牛が倒れていた。「私の方が斜面の高い所にいたから助かったのだろう。ぞっとする」

酪農家に負担

町内ではこの年28頭が襲われ、毛の鑑定や足跡から、最初の下オソツベツを含め少なくとも3件は同じ雄の仕業で、監視カメラの映像から推定10歳、体重は約300キロと分かった。関係者は、最初の地名と幅約18センチという前肢跡の大きさから「オソ18」と呼ぶようになった。

オソの襲撃は決まって人がいなくなる夜だった。クマはシカなどを捕らえた時、食べ残しを埋める「土まんじゅう」を作ることが多いが、オソは作らないため、土まんじゅうで待ち伏せして駆除するのも困難だった。

20年の被害は標茶町内の5頭だったが、21年には厚岸町に飛び火し、同町片無去（かたむさり）の小野寺孝一さん（67）の牧場でも牛1頭が死んだ。群れから離れていることが多かった牛だった。

小野寺さんはその年、夜の放牧を断念したことによる余計な餌代出費を強いられ、放牧地を連日巡回する自衛策も講じた。「家族経営には負担が大きかった」といい、22年春、国の補助金を使って電気柵を設置した。35ヘクタールの牧草地全ては囲えず、「一日も早く駆除して」と願う。

秋が捕獲好機

標茶町と厚岸町は21年、被害場所に近い十数カ所に箱わなを置き、中に入れる餌も、牛肉やはちみつなどさまざまなものを試した。だが、かかるのは若い雄ばかり。ある農家は「ライバルとなる雄がいなくなり、オソにはかえって居心地の良い環境になってしまった」と嘆いた。

21年は結局、両町で24頭が襲われた。

道は21年11月、両町から支援を要請され、クマの専門家を加えたオソ対策本部を発足させ、生息域調査に乗り出した。その結果、厚岸町上尾幌の森林に冬眠している可能性が高いことが分かり、22年6月、詳しい移動経路を特定するため、毛を採取する装置と監視カメラを約20セット設置した。

地元酪農家の間では「オソが寿命で死なないと被害は収まらないのでは」との悲観論もある。同本部に参加するNPO法人南知床・ヒグマ情報センター（根室管内標津町）の藤本靖理事長（60）は「オソはデントコーンを狙うついでに近くの放牧地にいた牛を襲うようになったのではないか。コーンが実る秋が捕獲のチャンス」と話している。

【2022年7月17日掲載】

もしかしたら自分が…

22年6月末、オソの捕獲に取り組むNPO法人南知床・ヒグマ情報センターの藤本靖理事長（当時）に会いに行きました。藤本さんとは、05年に中標津支局に赴任した当初からの付き合いです。不思議な縁を感じながら、レンタカーで釧路から標津町まで向かっていると、国道沿いにヒグマの忌避装置が設置してあるのに気付き、ササやぶの中を進んで写真を撮りました。

2日後、関係者の取材を終えて釧路へ戻る途中、遠回りして同じ場所を通ると、何台もの車が止まっています。「まさか」と思いつつ砂利道を進むと、銃を持ったハンターもいます。しばらくすると、死んだ牛を重機が運んできました。まさにそこが、22年初の被害現場となりました。

現場に現れた藤本さんも「なんで先にいるのよ？」と驚いたほどです。私はといえば、偶然現場に居合わせた記者としての幸運を感じつつも、もしかしたら襲われていたのは自分だったかもしれない、と背筋が凍る思いでした。

「オソ18」冬眠前後狙い捕獲
標茶・厚岸に重点地区設定

道と標茶町、厚岸町などは22年11月15日、19年から22年にかけて放牧中の牛65頭を襲ったヒグマ（通称・オソ18）の捕獲に向けた対策会議を標茶町内で開き、足跡の残る積雪期に居場所を特定し、冬眠前または冬眠明けの時期に捕獲を目指す方針を決めた。ヒグマの生態に詳しい専門家や猟友会関係者も出席し、住民にクマの目撃や足跡の情報提供を呼び掛けることも確認した。（内山岳志）

両町などは22年、７カ所に箱わなを設置したほか、クマが好むデントコーン畑でも捕獲を試みたが、いずれも成功しなかった。このため、足跡を見つけやすく、見通しが良くて銃で狙いやすい積雪期に捕獲を目指す方針に転換した。

会議では、両町が設置した自動撮影カメラの映像や、付近に残された体毛などの痕跡から、標茶町西部のオソツベツや厚岸町西部の上尾幌などの地域を、オソが生息している可能性が高い「重点地区」に指定。積雪後に足跡や目撃などの情報を重点的に集めて居場所を特定することを確認した。

「巨大グマ」との見方もあったオソの大きさについては、立った状態で身長約２２５センチ、四つんばい状態で体高約１１５センチ、体重は春から夏で推定２３０キロ、冬眠前の秋には同３２０キロまで太ると報告された。名前の由来となった前足の幅は18センチではなく、16〜17センチだと明らかにされた。

ＮＰＯ法人南知床・ヒグマ情報センターの藤本靖理事長は、捕獲が実現していない要因の一つとして「（前足の幅は）一般的な雄の大きさ。巨大グマとの印象があったため、目撃されてもオソと思われなかったのではないか」と話した。

【２０２２年11月16日掲載】

２０１９年８月に撮影されたオソとみられるヒグマ。左の尻に傷痕がある

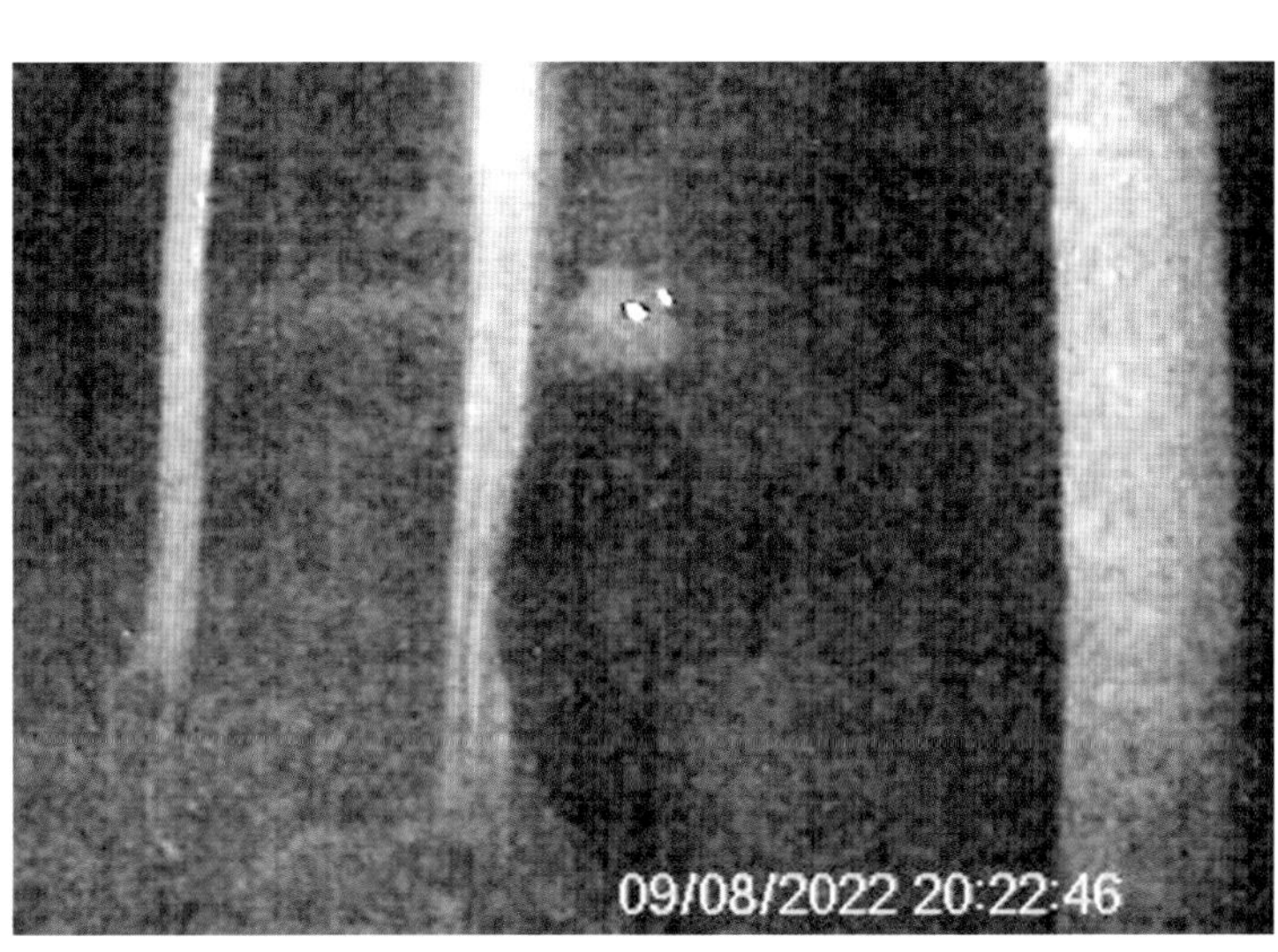

体毛を採取するヘアトラップに背をこすりつけるオソ18＝８月９日（いずれも標茶町提供）

前足の幅 16～17センチに修正

このころになると、テレビのワイドショーや週刊誌で「牛襲う巨大グマ」などと取り上げられるようになり、オソ18への注目度が高まりました。22年もオソによる牛の被害は続いたものの、一向に目撃情報は上がってきません。

追跡を続ける藤本さんと連絡を取ると、「オソは巨大グマなんかじゃないかもしれない」と打ち明けられました。標茶町がまとめた資料でも、オソは春から夏は230キロ前後と普通の大きさで、秋になると最高で320キロまで一気に体重を増やすと報告されました。

調査の結果、名前の由来となった前足の幅は16～17センチと下方修正されます。しかし住民には「オソは巨大」という先入観ができてしまったため、「夏場に痩せたオソを目撃しても、あれは違うだろう」と見過ごされ、通報もされないケースも起こりました。

闇夜に牛を襲う人目につかない「忍者グマ」とされていましたが、日中に目撃されている可能性も出てきました。報道が生んだ巨大グマという「虚像」が、オソの実像を見えにくくしてしまうという皮肉な結果になりました。

草木減りヒグマ肉食化

シカからエスカレート

放牧中の牛を襲う「オソ18」について、クマは本来、山の草木や木の実、昆虫を主食とするため、専門家は「ここまで肉食化したクマは珍しい」という。なぜオソのような肉食グマが生まれたのか。第2、第3のオソは出てくるのか。その謎に迫った。（内山岳志）

本来は草食多数

ヒグマといえば、秋に川を遡上してきたサケを捕る印象もあるが、クマの生態に詳しい酪農学園大の佐藤喜和教授は「クマの主食は山の草木や木の実、昆虫で、かつては肉や魚を一度も口にしないで一生を終えるクマは珍しくなかった」と説明する。

オソはなぜ牛を襲うようになったのか。その謎を解くヒントはふんに隠されていた。標茶町と厚岸町でオソのものとみられるふんを調べたところ、フキなど草木を食べた形跡はなく、エゾシカの毛ばかりが見つかった。牛を食べていない時はシカを食べていたのだ。

佐藤教授によると、クマのふんからシカの毛が頻繁にみつかるようになったのは、シカの生息数の増加が深刻化し、山中の草木が食べ荒らされるようになった2000年代以降だ。クマはほかに餌を求めるしかなくなり、次第にシカを襲うようになったという。

佐藤教授は「当初は車や列車にはねられて死んだシカを食べていたのだと思う。襲うようになったのは肉を食べ慣れてからだろう」と分析し、今は全道的に、シカを食べたことがないクマの方が珍しいと明かす。

北海道猟友会砂川支部の池上治男支部長（73）も、クマがシカを追いかけて襲うところを何度も見聞きしたといい、「子ジカや弱ったシカを狙う例が多い。クマが親子でシカ狩りをすることもある」と話す。札幌市南区石山地区で22年10月に駆除された若い雌グマもシカを食べていたことが確認されており、肉食化は都市部周辺でも当たり前になっているようだ。

味占め繰り返す

では、オソはなぜ、シカだけでなく牛も襲うようになったのか。佐藤教授は「以前からシカを食べて肉食化していたところ、シカの時と同様に、何らかの理由で死んでいる牛を見つけて食べ、味を占めて襲うようになったのだろう」と話す。ほかのクマでも、シカに続き牛も襲うという肉食化がエスカレートし、第2、第3のオソが生まれる可能性は十分にあるとみる。

標茶町と厚岸町は22年、オソの捕獲に向け、7カ所に箱わなを設置したほか、クマが好むデントコーン畑の近くの4カ所に、板を踏むとワイヤが締まって足を縛る「くくりわな」も仕掛けた。くくりわなは一度踏みつけられた形跡があったが、足を抜くのが早かったとみられ、いまだ捕獲は実現していない。

道東に連鎖の芽

標茶町が15カ所に設置している自動撮影カメラの映像では、オソの左の尻には、箱わなの扉が閉まった際にできたとみられる傷痕があり、捕獲に協力しているNPO法人南知床・ヒグマ情報センターの藤本靖理事長は「過去に箱わなで捕獲されそうになった経験があり、警戒心が強いのだろう」と推測する。

藤本理事長は「雪の残る3月末までに決着させたい」と意欲を示すが、道東はシカの生息数が多い上、放牧酪農が盛んなため、道内のほかの地域より、シカから牛へという肉食化の連鎖が起きやすいといえる。オソの駆除が成功しても、地元関係者は次なるオソに備える対策も求められるかもしれない。

【2022年11月25日掲載】

〈道新デジタル発〉

調査から判明したオソ18のデータ

(セン チ)
200
150
100
50
0

立った状態の身長 225セン チ 前後

前足の幅 16〜17セン チ

よつんばい状態の体高 115セン チ 前後

体重 ▶ 春〜夏230キロ、秋は最高で320キロまで増えるが、一般的な雄成獣サイズ

年齢 ▶ 10歳±2歳

▶ 頭の大きさは小さく、毛が金色

▶ 左の尻に傷痕あり

※標茶町の資料などにより作成

オソ18による牛の被害

被害判明日	場所	被害頭数	(右は内訳)
2019年 7月 16日	標茶町	1	死1
8月 5日		8	死4、負傷2、不明2
6日		4	死3、負傷1
11日		5	負傷5
15日		1	死1
19日		5	負傷5
22日		1	死1
26日		1	死1
9月 2日		1	負傷1
18日		1	死1
20年 7月 7日		1	死1
8月 14日		1	死1
9月 3日		1	死1
11日		1	死1
27日		1	死1
21年 6月 24日		3	死1、負傷2
7月 1日		6	負傷6
11日		1	負傷1
16日	厚岸町	3	死3
22日		1	死1
30日	標茶町	2	負傷2
8月 5日		1	死1
12日	厚岸町	4	死2、負傷2
15日		1	死1
9月 10日	標茶町	2	負傷2
22年 7月 1日		3	死2、負傷1
11日		1	死1
18日		1	死1
27日		1	死1
8月 18日		1	負傷1
20日	厚岸町	1	負傷1
23年 6月 24日	標茶町	1	死1
	合計	66	死32、負傷32、不明2

駆除のクマ「オソ18」

体毛DNA型一致

釧路総合振興局は2023年8月22日、釧路町で7月30日に有害駆除されたヒグマが、標茶、厚岸両町で相次いで牛を襲ってきた雄のクマ「オソ18」と確認したと発表した。駆除した個体の体毛のDNA型が、オソと一致した。

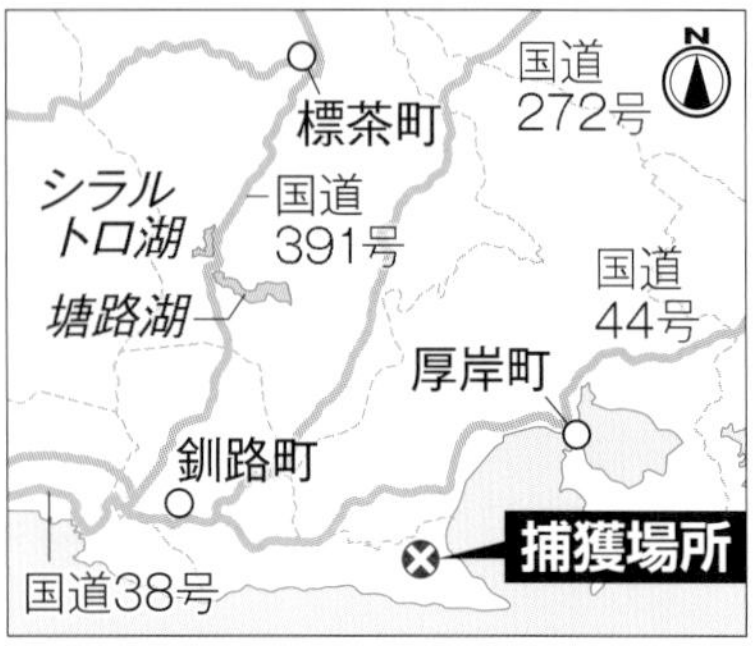

同振興局などによると、7月30日午前5時ごろ、釧路町仙鳳趾（せんぽうし）村オタクパウシの放牧地で、猟友会所属の捕獲従事者としてシカの駆除をしていた同町の40代男性職員がクマ1頭を発見。職員は28日夕にも付近でクマを目撃、30日も人を見て逃げなかったため、問題個体と判断して射殺した。

駆除したクマの体長は2・1メートル、体重は推定330キロで、前足の幅は20センチ。体はやせ、手足に皮膚病と、顔に4カ所の傷があった。

職員から駆除の報告を受けた釧路町は当初、オソと認識していなかった。だが念のため確認が必要と判断し、被害が多い標茶町に体毛を送り、同町が8月14日に道立総合研究機構（札幌市）にDNA型鑑定を依頼。18日の鑑定結果でオソと一致した。

駆除した場所は、これまでオソの被害が出ていた場所から南に10キロほど離れており、被害は確認されていない地域だった。死骸はすでに処分されており、年齢は推定できないという。

オソによる牛の被害は19年以降、標茶、厚岸両町で32頭が死に、32頭がけが、2頭が行方不明の計66頭に上った。23年6月24日に標茶町内の放牧地で乳牛1頭が死んでいるのが見つかり、同25日に同町の町有林の監視カメラで姿が確認された後、目立った動きは確認されていなかった。（田鍋里奈、松井崇）

「忍者」予想外の最期

釧路町によると、駆除したのは同町職員の男性ハンター。7月30日午前5時ごろ、男性は町内の牧場を訪れ、近くの牧草地でヒグマ1頭が地面に伏せているのを見つけた。約80メートルの距離まで近づいて銃の引き金を引いた。

男性はヒグマをオソだと思わず、死骸を釧路管内の食肉処理業者に運び、体毛をDNA型鑑定に出した。DNAがオソのものと一致したのは、駆除から2週間以上も後のことだった。

「『でかいクマをとった』と聞いたが、それがオソだったとは」。駆除現場近くで牧場を営む釧路町の酪農家片野博次さん（51）はそう驚いた。自身も21年、厚岸町の牧場に預けた乳牛3頭がオソに襲われたこともあり「やっと捕まったか」と胸をなで下ろした。

クマよけの電気柵などの対策が破られたこともある。22年7月に牛1頭が襲われた標茶町の酪農家佐々木裕之さん（46）は「電気柵の下をくぐって侵入され、被害の防ぎようがなかった。駆除されてホッとしている」と話した。

両町や道は、地元ハンターや専門家と協力して捕獲を試みてきたが、警戒心が強く学習能力も高いオソの駆除は困難を極めた。両町の10カ所以上に箱わなを仕掛けるも入らない。人の気配がある場所に寄りつかず、被害現場付近でハンターが待ち伏せをしても姿を見せることはなかった。

オソを追ってきた道猟友会標茶支部（標茶町）の後藤勲支部長は「標茶と厚岸に集中して捜索していた。まさか釧路町で駆除されるとは。びっくりした」。釧路管内のあるハンターは「人が近づいても逃げなかったとは（警戒心の強い）オソにしては無防備。あっけない最期だ」と語った。

（伊藤凱、三島七海、伊藤友佳子）

【2023年8月23日掲載】

郵便はがき

0 6 0 - 8 7 5 1

672

札幌中央局
承認

2337

差出有効期間
2024年12月31
日まで
(切手不要)

(受取人)

札幌市中央区大通西3丁目6

北海道新聞社 出版センター

愛読者係
行

お名前	フリガナ	性別
		男・女
ご住所	〒□□□-□□□□ 都道府県	
電話番号	市外局番( ) —	年齢	職業
Eメールアドレス		
読書傾向	①山 ②歴史・文化 ③社会・教養 ④政治・経済 ⑤科学 ⑥芸術 ⑦建築 ⑧紀行 ⑨スポーツ ⑩料理 ⑪健康 ⑫アウトドア ⑬その他( )	

★ご記入いただいた個人情報は、愛読者管理にのみ利用いたします。

愛読者カード　　ヒグマは見ている―道新クマ担記者が追う

　本書をお買い上げくださいましてありがとうございました。内容、デザインなどについてのご感想、ご意見をホームページ「北海道新聞社の本」の本書のレビュー欄にお書き込みください。
　このカードをご利用の場合は、下の欄にご記入のうえ、お送りください。今後の編集資料として活用させていただきます。

<本書ならびに当社刊行物へのご意見やご希望など>

■ご感想などを新聞やホームページなどに匿名で掲載させていただいてもよろしいですか。（はい　いいえ）

■この本のおすすめレベルに丸をつけてください。

高（　5・4・3・2・1　）低

〈お買い上げの書店名〉

都道府県　　市区町村　　書店

最悪の事態を覚悟

ヒグマとの人身事故が起こるのは週末が多い気がします。それは、休日を利用して山や川、森へ入る人が多いからでしょう。上川管内幌加内町朱鞠内の朱鞠内湖で釣りをしていた男性が行方不明になったとの連絡がヒグマ関係者から入ったのも、日曜に東京・赤坂のTBS前で、タレントの杉村太蔵さんの取材を終えて帰ってきたころでした。湖の岸に男性を瀬渡しした船が、3時間半後に迎えに行ったところ、胴付き長靴をくわえたヒグマが目撃され、男性の姿はなかったというものでした。胴長はそう簡単に脱げるものではなく、最悪の事態を覚悟しました。

朱鞠内湖は、湖畔のキャンプ場に加え、幻の魚といわれるイトウが釣れる人気スポットです。サケ科のイトウは日本最大の淡水魚で、海に下り、産卵のため川を上がります。朱鞠内湖はダムと河川を行き来するイトウが狙えることから、全国の釣り客が憧れる「聖地」の一つでした。大自然を生かした釣りや登山は北海道の魅力の一つですが、ヒグマリスクはその障壁になりつつあります。

2023年5月
朱鞠内湖

釣り人不明　クマ襲撃か
朱鞠内湖、1頭駆除

２０２３年5月14日午前10時10分ごろ、上川管内幌加内町朱鞠内の朱鞠内湖の湖岸で、釣りをしていたオホーツク管内興部町興部、職業不詳西川俊宏さん（54）がクマの目撃情報があった場所付近で行方不明になったと現地のガイドが１１０番した。幌加内町などは15日に西川さんの捜索を行い、現場周辺で性別不明の遺体の一部を見つけた。士別署は西川さんとみて身元の確認を急いでいる。地元猟友会は同日、付近でクマ1頭を駆除した。

遺体の一部が発見され、警察車両に収容する捜査員ら＝15日午後4時30分

同署などによると、遺体の一部は15日午後2時15分ごろ、クマの目撃情報があった場所付近で見つかった。周辺で西川さんの所持品とみられる釣りざおや救命胴衣、かばんも回収。同署は現場の状況などから、西川さんがクマに襲われたとみている。

同町によると、捜索には地元猟友会のハンター5人が同行し、現場付近でクマ1頭を発見。15日午後3時半ごろ、ハンターがクマを駆除した。クマは体長約1・5メートルの雄とみられる。同町などは駆除したクマが人を襲ったかどうか調べている。

同署によると、西川さんは14日午前5時半ごろ、釣りガイドを行うNPO法人「シュマリナイ湖ワールドセンター」所有の船で朱鞠内湖北東の湖岸に到着した。同日午前9時ごろ、ガイドが船で迎えに行くと西川さんの姿がなく、船から30メートル付近の陸上をクマ1頭がうろついているのを目撃し、１１０番した。

朱鞠内湖はイトウ釣りの名所で、全国から釣り客が訪れる。

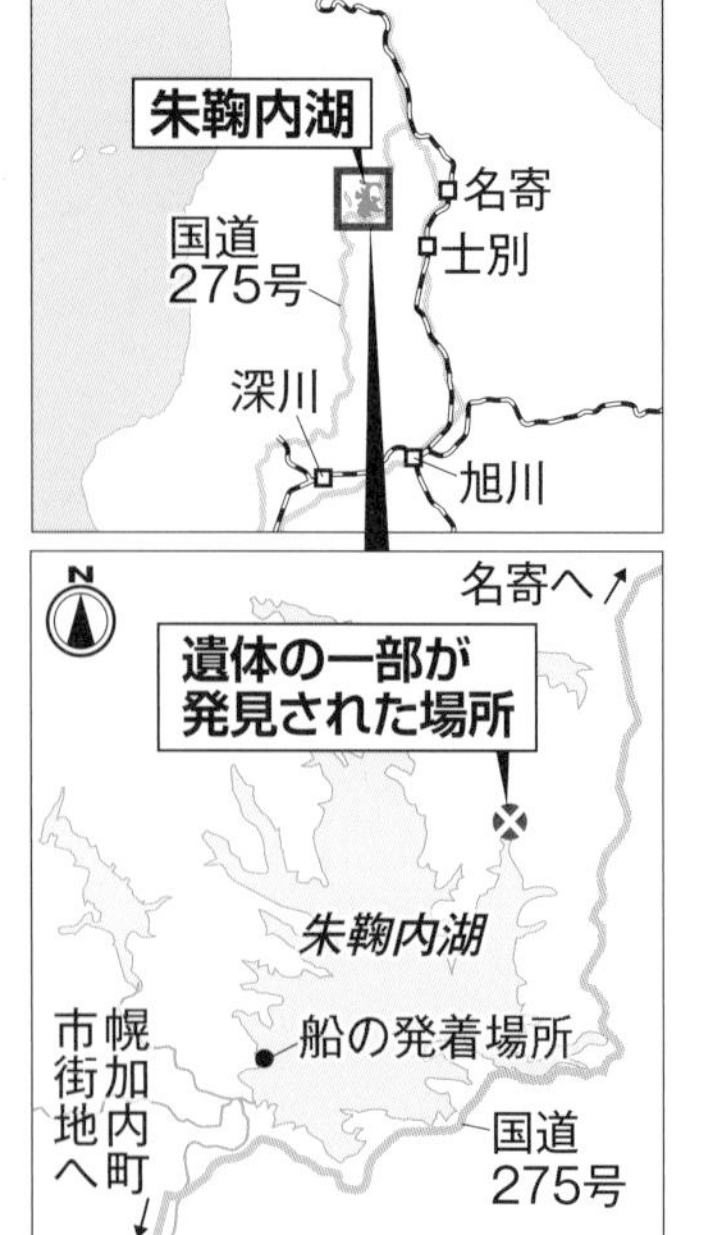

同法人は9日、西川さんが今回釣りをしていた場所でクマの目撃情報が寄せられたため、目撃された場所への案内をいったん中止。14日は釣り客の要望に応じ、常連客の西川さんを含む約40人を船3隻に分乗させ、湖畔の船着き場を出発したという。

道警によると、道内のクマによる死亡事故は、夕張市の山林で江別市在住の男性ハンターが遺体で見つかった２０２１年11月以来。クマ目撃の今年の通報件数は11日時点で３３９件（うち負傷2人）で、既に昨年1年間の２９９件（同1人）を上回っている。

「怖さ知っていたはず」

悪天候で道警が捜索を断念する中、幌加内町などはドローンを駆使するなど捜索は難航した。西川さんの釣り仲間は「自然の中で釣りをする意識は高い人だった」と語り、クマに襲われたとみられる事態にショックを隠せなかった。

15日午前9時45分、悪天候でヘリが飛ばせず、クマからの安全が確保できないとして、道警は同日の捜索を断念。これを受け、幌加内町は道の協力でドローンを飛ばし安全を確認した上で、男性の捜索とクマの駆除を急ぐ方針を決めた。「警察から『今日は捜索しない』と言われたが、このまま放ってはおけないと考えた」。幌加内町の細川雅弘町長は取材にそう語った。

町は地元の猟友会や漁協の協力を得て、ハンター5人を含む15人の駆除・捜索隊を編成。同日午後0時45分すぎ、舟で現場に向かった。周辺にはシラカバやササが生い茂り、道職員が舟の上からドローン1機を飛ばし、100メートル以内にクマがいないことを確認した上で10人ほどが上陸した。

西川さんとみられる遺体の一部を発見したのは午後2時すぎ。その後、少し離れた場所にクマがうろつく姿がドローンで確認できたため、ハンターが向かい、ライフル銃で駆除した。

西川さんと親交があり、朱鞠内湖に釣りに来ていた藤田茂男さん（78）＝東京都在住＝によると、西川さんは釣りのベテランで、朱鞠内湖には10年ほど通っていたという。藤田さんは「軽装で釣りに行って（西川さんに）怒られたこともある。クマの怖さも十分に理解していたと思うが」と声を詰まらせた。

（増田隼斗、小林健太郎）

【2023年5月16日掲載】

西川さんが釣りをしていた朱鞠内湖の湖岸。救命胴衣が残されていた＝15日午前8時40分

朱鞠内湖での行方不明男性の捜索経緯

14日	午前5時半ごろ	西川さんが船で北東の湖岸に1人で上陸し、釣りを始める
	午前9時ごろ	現地ガイドが船で迎えに行ったが西川さんの姿はなく、クマ1頭が付近の陸上で胴付き長靴をくわえていた
	午前10時10分ごろ	ガイドが士別署に通報。その後、同署がハンターらと船から現場付近を捜索
	夕方	士別署が日暮れとともに捜索をいったん打ち切り
15日	午前9時45分	天候不良により士別署が15日の捜索を中止
	昼ごろ	幌加内町や地元ハンターらが朱鞠内湖での捜索や駆除に向かう
	午後2時15分ごろ	現場付近で遺体の一部が見つかる
	午後3時半ごろ	現場付近でクマ1頭を駆除

周辺地域 生息数4倍に

朱鞠内湖は、年間約1万5千人が訪れる人気の釣り場で、クマによる人的被害が報告されたことはなかったという。ただ周辺地域では過去30年間でクマの推定生息数が4倍超に増加し、生息域も拡大。道内各地も同様の傾向にあるとされ、専門家はクマとの遭遇に最大限警戒するよう呼び掛けている。

「これまで一切（クマの）事故はなかった。クマの対策は手薄だった」。朱鞠内湖淡水漁協の中南裕行組合長は15日午後、湖畔で記者団にこう説明した。

道内では近年、クマが本来近づかなかった場所での遭遇事案や人身事故が多発。背景には、道が1990年に残雪期のクマ捕獲を奨励する「春グマ駆除」を廃止し、生息数が大きく増えたことがあるとされる。

道によると、道内のクマの推定生息数は90年度の5200頭から、2020年度は1万1700頭まで増加。朱鞠内湖を含む「天塩・増毛」地域では約200頭から、4倍超の約850頭まで増えた。

生息数の急増に伴いクマの生息域も拡大しているとみられ、22年5月1日には根室管内別海町の風蓮川河畔で、釣り中の男性にクマが対岸から泳いで接近する事案が発生。21年7月には渡島管内福島町の山林でクマに襲われた可能性が高い女性の遺体も発見された。

道総研エネルギー・環境・地質研究所自然環境部の釣賀一二三部長（58）は「魚が逃げるので、（クマよけの鈴など）音の鳴るものを使わない釣り人は多い」と指摘。事故を回避するには「クマ撃退スプレーを携行するほか、複数人で行動し、接近に早く気付けるよう周囲を絶えず警戒すべきだ」と訴えている。（長堀笙乃、尹順平）

【2023年5月16日掲載】

過去10年間の道内のヒグマによる人身事故の死傷者数の推移

(人)
16 14 12 10 8 6 4 2 0
負傷者数
死者数
2013 14 15 16 17 18 19 20 21 22
（年度）
※道まとめ

遺体の一部新たに
クマ襲撃痕 着衣から免許証

朱鞠内湖の湖岸で西川俊宏さんが行方不明となり、付近でヒグマに襲撃されたとみられる遺体の一部が発見されたことを受け、士別署は17日、現場周辺を本格的に捜索し、新たに遺体の一部を発見した。着衣から西川さんの運転免許証が見つかり、同署は、西川さんがクマに襲われた可能性が高いとみて身元の確認を急いでいる。

同署などによると、同署員ら

不明男性の捜索とクマ駆除に向かうため船に乗り込む地元ハンターら＝15日午後0時45分

朱鞠内湖で釣り客を襲ったとみられるクマ。船上から撮影された直後に駆除された＝15日、幌加内町（上川総合振興局提供）

が17日午前、朱鞠内湖東側の湖岸から100メートルほど内陸側で遺体の一部を見つけた。草や土で覆われた状態で、クマが引っかいたり、かんだとみられる傷があった。着用されたつなぎのポケットから、西川さんの運転免許証入りの財布が見つかった。

17日の捜索には、道の依頼を受け、クマ事故を調査する道立総合研究機構（道総研）の職員も同行。現場付近でクマが掘ったとみられる穴などの痕跡を確認した。駆除されたクマは体長約1・5メートルの雄とみられ、推定3～4歳という。

近くに集落　早急駆除

男性が行方不明となり、道警は15日、本格的な捜索を試みたが、悪天候で道警ヘリが飛べず、「安全確認ができない」として断念した。しかし、現場は約30人が暮らす母子里地区まで約2キロと近く、クマの危険が及ぶ恐れがあった。幌加内町の細川雅弘町長は「早急に対応しないと駆除できなくなる」として、同日昼、道やハンターの協力を得て、独自に捜索・駆除に着手。ドローンを飛ばしてクマを発見し、その後、駆除。遺体の一部も回収した。

ただ、15日の捜索について、上川総合振興局の担当者は「偶然が重なったのが幸いした」と指摘する。ドローンは熱探査装置でクマの体温を検知できるが、気温が上がっていれば、難しかったという。この日の最高気温は16度台で、「クマが顔を上げた」などの動きも把握できたという。

また、春先で木の葉やササが生い茂る前だったため見通しがよく、ドローンからだけではなく、100メートル以上離れた船の上からもクマの姿を確認できた。ハンターが発砲した後、クマの生死の確認もドローンで行ったという。

振興局の担当者は「今回は比較的涼しく、クマの体温を感知でき、上空から判別できたのも大きい。真夏なら気温とクマの体温との差が小さく、熱感知が難しくなっていたかもしれない」と話した。

（小林健太郎、増田隼斗、桜井則彦）【2023年5月18日掲載】

経験則通じず

道内ではこれまでも、釣り客がヒグマに襲われる事故は起こっています。ただ、研究者でつくるヒグマの会の分析によると、釣り客の被害の割合は3%と高くありません。

しかも朱鞠内湖の事故で男性は、見通しのある開けた場所で襲われています。推定3歳と若いクマが好奇心から人に接近し、攻撃したものと考えられましたが、これも、1989年～2019年の31年間で起こったハンターを除くクマの人身事故39件のうち2件（5パーセント）と、まれであることが分かります。統計上、釣り中に襲われることはほぼないと捉えてもおかしくありません。

一方で、ヒグマ研究者たちがよく口にするのは「クマには個性がある」ということです。クマの方から釣り客に近づいていって襲わないという保証はどこにもないのです。

ヒグマの数が増え続けている今、「これまでは大丈夫だった」という「経験則」は通用しません。その分、直近の出没状況や、人を見ても逃げない個体がいたという情報がとても重要になります。

現場では事故の5日前にも、人に近づくクマが目撃されていました。もし釣り客がその場所を避けていれば、悲劇は防げていたかもしれません。

クマから接近し襲撃か

水辺に血痕確認

朱鞠内湖岸で釣り客の男性が14日、ヒグマに襲われ死亡した事故で、男性が襲撃されたのは、森林から少なくとも数十メートル離れた水辺だったとみられることが24日、士別署や道への取材で分かった。男性の遺体の大半は森林付近で発見されたが、水辺に大量の血痕があるのを同署が確認した。クマが森林を出て釣り客に接近して襲撃した可能性があり、道は詳しい状況を調べている。

士別署や道によると、男性がクマに襲われたとみられるのは、同湖東側にあるナマコ沢の水辺。同署や幌加内町が15、17の両日に行った捜索で、水辺に大量の血痕が残っているのが確認された。付近に釣りの毛針も落ちていた。男性は14日早朝、この付近から船で上陸し、行方不明になった。

一方で両日の捜索では、男性の遺体の大半と、男性の胴付き長靴が、この血痕があった地点から約100メートル離れた山林付近で発見された。遺体は土や草でうっすらと覆われ、クマはこの近くで15日に駆除された。

クマは、一度に食べきれない食物を土などでかぶせて隠す習性がある。同署は、クマが男性を水辺で襲った後、内陸に引きずり込んだとの見方を強めている。男性が当時胴付き長靴を着用していたことから、同署は水辺での釣り中か、釣りの下見をしていた際、近づいてきたクマに襲われた可能性が高いとみている。

この場所から数百メートル離れた水辺では、男性のバッグや釣り道具なども見つかった。同署のその後の調べで、バッグに入ったおにぎりが荒らされず、この付近でクマが襲った形跡はなかったことも分かった。

道などによると、一般的にクマは警戒心が強く、人との遭遇を避ける傾向があり、山中で偶

男性がヒグマに襲撃された朱鞠内湖の現場付近の状況
（5月15日、本社ヘリから）

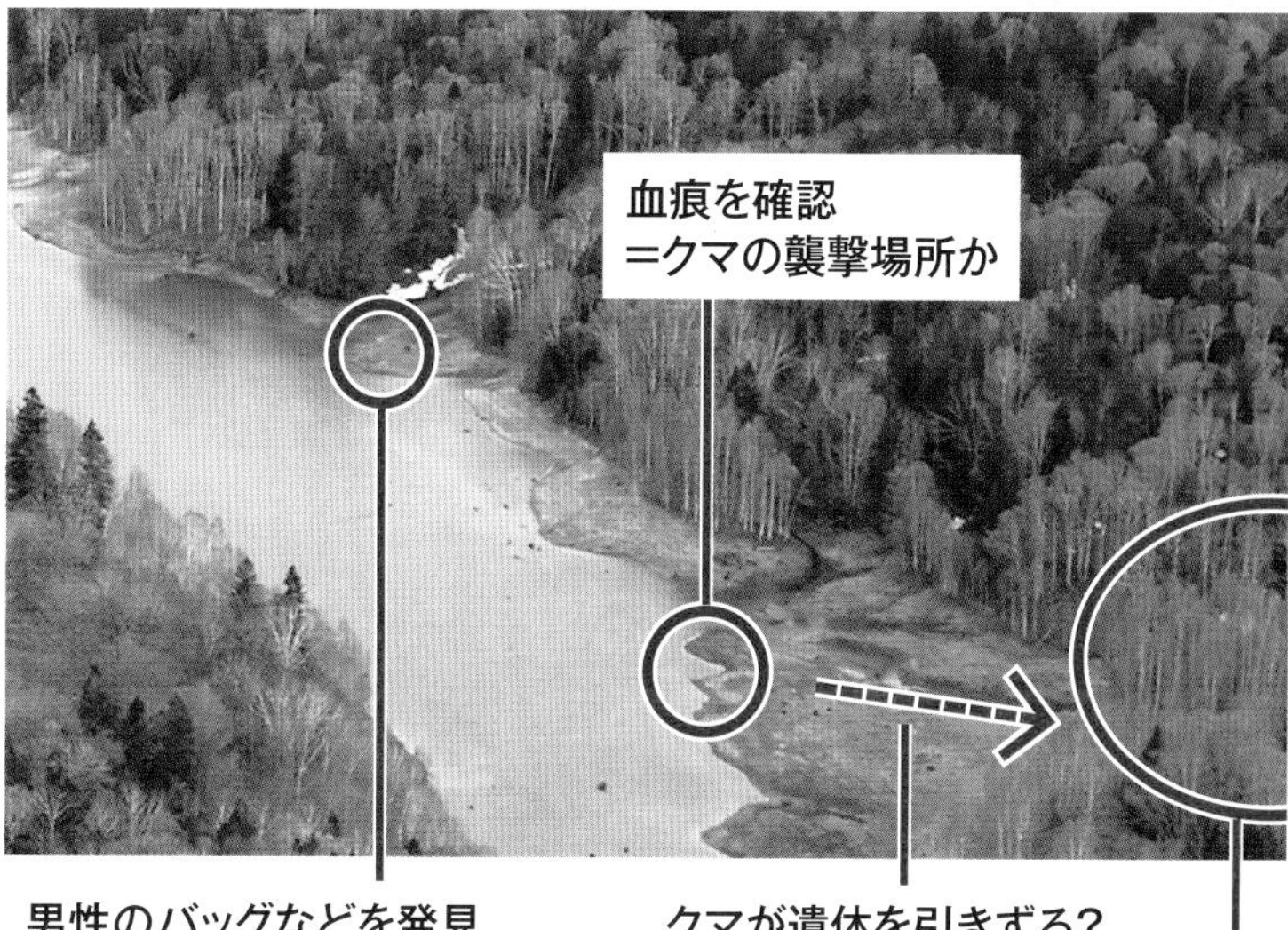

朱鞠内のクマ 推定3歳の雄

朱鞠内湖の湖岸で釣り客の男性がヒグマに襲撃され死亡した事故で、細川雅弘町長は30日、ヒグマは推定年齢3歳の雄で、推定体重は120キロ、体長162センチと明らかにした。同日開会した臨時町議会の行政報告で述べた。

【2023年5月31日掲載】

発的に出合わなければ、襲われる危険は小さいとみられている。今回駆除したクマを解剖した結果、襲撃前に空腹だった可能性は低いという。

北大大学院獣医学研究院の坪田敏男教授は、現場は見通しの良い場所だったことから「偶然の遭遇でなく、クマが人間に近づいた可能性がある。こうしたケースは非常にまれだ」と指摘する。酪農学園大の佐藤喜和教授は「クマが今回のような行動を取った原因を分析し、今後の対策に生かすべきだ」とした。

【2023年5月25日掲載】

人恐れぬクマ 対策難しく
目撃情報の周知カギ

朱鞠内湖岸で釣り客がヒグマに襲われて死亡した事故を受け、同町が26日に開いた連絡会議では、関係機関がクマの目撃情報の共有を徹底することを確認した。今回駆除されたクマについて、専門家は「好奇心から積極的に人間に近づく若い個体だった可能性がある」と指摘する。こうした人を恐れない危険なクマとの遭遇を防ぐには、鈴を鳴らすなどの対策だけでは限界がある。事故を防ぐため、目撃されたクマの行動から危険性をどう判断して関係機関と共有し、対応できるかが課題となる。

「幌加内町は8割が山に囲まれ、クマの痕跡は日常的に目にする。目撃情報を町が把握していたとしても、今回、何もできなかったかもしれない」。連絡会議後、報道陣の取材に応じた細川雅弘町長は、クマへの対応の難しさを強調した。町によると、クマによる死亡事故は町内で初めて。クマを見かけても町に通報しない住民やレジャー客も多く、2022年度のクマ目撃通報は7件にとどまる。

5日前に予兆か

こうしたクマへの意識が、今回の事故の予兆となる目撃情報を見逃したとの見方もある。

事故が起きる5日前の9日、朱鞠内湖で釣りをしていた宇都宮市の男性（65）は、事故現場から約1キロ離れた湖岸にいるクマを目撃した。「笛を鳴らしても全く反応せずに、悠然と歩いてきた」。クマは当初数百メートル先にいたが、湖岸に沿って男性に近づいてきた。男性は危険を感じ、電話で迎えの船を呼んだ。

男性は、湖岸まで釣り客を運ぶ船を運航するNPO法人に通報したが、同法人はこの目撃情報を町や道、道警には連絡しなかった。

今回釣り客を襲ったクマが、人を恐れずに近づく特殊な個体だったことも、対策の難しさを浮き彫りにする。一般的にクマは警戒心が強く、積極的に人を襲うことは少ないとされる。

道内の研究者らでつくる「ヒグマの会」によると、クマが人を襲うのは①人と遭遇して驚き、自らや子グマを防衛するため②過去にごみを食べるなどした経験があり、食べ物を手に入れるための積極的な攻撃③若いクマが好奇心から人に接近し、攻撃――の三つの類型に大別される＝表＝。

専門家の間には、今回の事故は見通しのよい水辺で釣り客が襲われ、クマも3～4歳の若い雄クマとみられることから、③の好奇心から接近したケースとの見方がある。

ヒグマが人を襲う三つの類型

発生頻度	類型		クマが人を攻撃する理由	人身事故を防ぐために必要な対策	
高い	①防衛のため		遭遇して驚き、自らや子グマを守ろうとする	生息地では、鈴や笛で音を出すなどして、自分の存在をクマに知らせ、遭遇しないようにする	生息地では複数人で行動する。もし出くわした場合、クマスプレーを構え、少しずつ後退して距離を取る
↕	②積極的な攻撃	人を見ても恐れない	ごみを食べたり餌付けされたりすると、食べ物を手に入れる目的で人を襲う	食べ物や飲み物、ごみの管理に気を付け、クマのいる地域に放置しない	
低い	③好奇心で接近、その後に攻撃 ※今回の事故はこの類型の可能性がある		若いクマの中に、好奇心から人に近づくクマがいることがある。接近後、攻撃するケースがある	遭遇を防ぐのが難しいのが課題。対策として、人を見ても恐れないクマの目撃情報を地域で共有し、施設閉鎖など、出没場所に近づかないことが必要	

※ヒグマの会と道総研などへの取材に基づいて作成

SNSで発信へ

同会の分析では、1989年～2019年の31年間で起きたハンターを除くクマの人身事故39件のうち、①防衛が22件と半数以上を占める。②積極的な攻撃が6件、③好奇心は2件。原因不明は9件だった。クマが積極的に人に近づき、襲った事例は少ない。

道立総合研究機構エネルギー・環境・地質研究所自然環境部の釣賀一二三部長は「人を恐れず近づくクマは、鈴や笛で音を鳴らしたり、生ごみを放置しないようにしたり気を付けていても遭遇を防ぎきれない。目撃場所の近くに行かないほうがいい」と語る。

連絡会議では、クマの目撃情報について、新たに同町の交流サイト（SNS）などでも発信することを確認した。ただ、クマが頻繁に目撃される同町では、人を襲う危険な個体かを見極め、判断することが求められる。

北大大学院獣医学研究院の坪田敏男教授は「目撃されたクマの行動内容を把握して、危険かどうかを判断できる体制を、一刻も早くつくる必要がある。目撃情報を受けて専門家が現地に入って危険性を検討し、『危険』と判断した場合は、すぐに駆除できるようにすることも求められる」と話す。

（増田隼斗、岩崎志帆、高野渡）

【2023年5月27日掲載】

釣り客の安全対策苦慮

キャンプ場 電気柵設置し再開へ

朱鞠内湖湖岸で釣り客の男性がヒグマに襲撃され、死亡する事故が起きてから6月14日で1カ月となった。同町は現場の対岸にあるキャンプ場について、電気柵設置などクマの侵入防止策を6月中に行い、早期の営業再開を目指している。ただ、湖岸での釣りや釣り船運航など、観光の全面再開のめどは立っていない。同湖は絶滅危惧種「イトウ」の釣りで知られるが、クマ出没地域での釣り客の安全確保は簡単でなく、町は対応に苦慮している。

ヒグマによる死亡事故現場
朱鞠内湖
キャンプ場
電気柵設置予定場所
クマ目撃場所（6月6、7日）
幌加内町中心部へ
国道275号
朱鞠内市街地
N

朱鞠内湖のクマ襲撃死亡事故の経過

5月14日	釣り人のオホーツク管内興部町の男性（54）が釣り船で上陸した後、クマに襲撃されて行方不明に
15日	幌加内町などが現場付近を捜索し、襲撃したクマを駆除。男性の遺体の一部を収容
17日	道警などが現場付近を捜索し、遺体の大半を収容
24日	幌加内町などが湖畔のキャンプ場などに監視カメラ設置を開始
26日	幌加内町などが関係機関14団体と連絡会議を開き、クマの目撃情報の共有徹底などを確認
6月5日	キャンプ場などの営業を日中に限り再開
6日	キャンプ場から約1キロ北西の林道でクマが目撃される。キャンプ場などの営業は再び中止に
7日	キャンプ場から約1キロ南西の町道でクマが目撃される

「熊出没中」。同町の朱鞠内湖畔のキャンプ場には営業中止の看板が掲げられ、訪れる人はほとんどいない。22年6月は約1200人が訪れたが、中南裕行・同町観光協会長（69）は「例年は8月まで利用客も多いが、安全確保が大切であり、仕方がない」と嘆く。

カメラ30カ所

同町や同法人は事故後にキャンプ場や主な釣り場所など約30カ所に監視カメラを設置した。クマが撮影されなかったことから5日、キャンプ場などの営業を日中に限り再開した。ただ、キャンプ場から約1キロ北西の林道で6日にクマが目撃され、営業は再び中止に。7日にも約1キロ南西の町道でクマは目撃された。

同町は今後キャンプ場周辺を延長約1キロの電気柵で囲い、営業を再開したい考えだ。クマに詳しいNPO法人もりねっと北海道（旭川）の山本牧代表は「電気柵は完全ではないが、有効な方法。クマを誘う生ごみなどを場内に放置しない対策も重要」と話した。

一方、現時点で釣りの安全策は具体化していない。イトウは支流が注ぎ込む入り江に集まり、釣り客もその近辺で釣り糸を垂らすのが一般的。朱鞠内湖は入り江近くに森林が迫り、クマと遭遇する可能性がある。観光関係者の間では対策とし

営業中止が続く釣り船の船着き場。死亡した男性は、この船着き場から約6キロ離れた湖岸に上陸し、クマに襲われた＝6月10日

て、上陸せず船上から釣る案も浮上する。ただ、イトウは浅い場所に集まるだけに、同湖で釣り経験が豊富な士別市のアウトドア店の工藤博文店主（63）は「船からではあまり釣れず、『面白くない』と感じる人は多いだろう」と語る。

「監視不可欠」

同町は、専門家も交えた協議会を近く立ち上げ、安全策の詳細について検討に入る。大野克彦副町長は「幌加内イコールクマというイメージを払拭するには時間がかかる」と漏らす。

クマ生息地での釣り客の安全確保策はあるのか。知床半島でクマ対策に17年間従事するオホーツク管内斜里町の元知床財団職員石名坂豪さん（49）によると、知床では船で向かう釣り場で船の運航業者が海上で待機し、クマが現れたらすぐ釣り客に知らせて船に乗せるという。石名坂さんは「背後に目を配り、クマが来たらすぐ助ける監視体制が不可欠。クマのいる場での釣りは非常に危険だということを前提に、対策を議論する必要がある」と指摘した。

（大口弘明、岩崎志帆）

【2023年6月14日掲載】

現場上空で留まり安全確認を行う道警ヘリと船上で待機する捜索隊＝5月17日午前10時15分

魅力的な死地

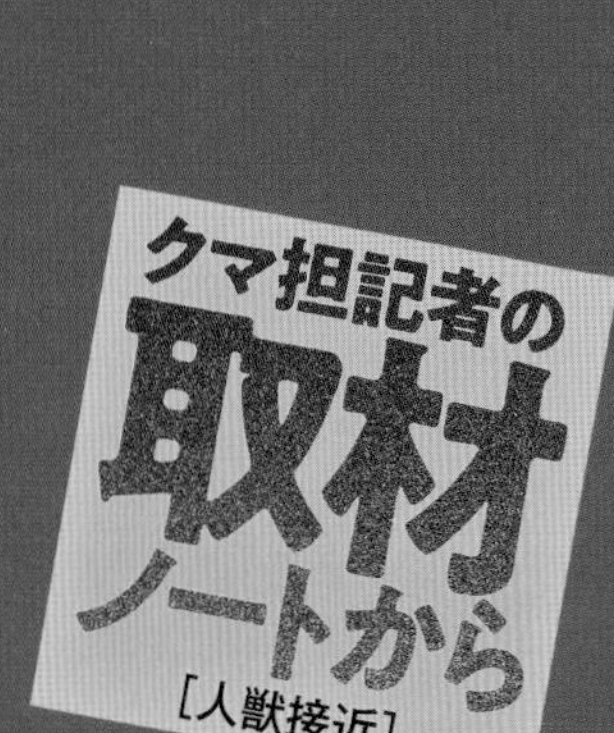

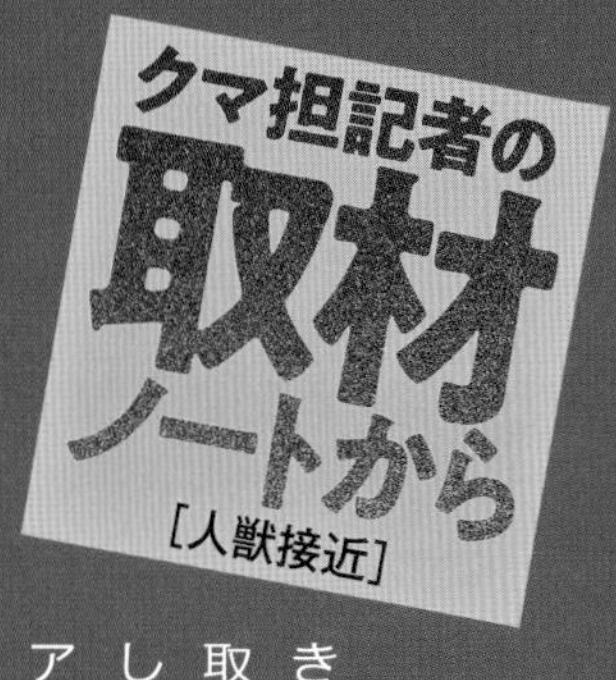

酪農学園大の佐藤教授から「アトラクティブ・シンク」という聞き慣れない言葉を聞いたのは、飼料用トウモロコシの食害について取材していたときです。訳すと「魅力的にみえる死地」という恐ろしいもの。ゴキブリでいうと、匂いで引き寄せて粘着剤で捕獲するアレです。ヒグマにとっては、このデントコーン畑とそこに仕掛けられる箱わなが、それなのです。

道東の酪農地帯では、輸入穀物の価格高騰からデントコーンの作付けが増えています。学生時代、北大の農場にあるそれを1本頂き、ゆでて食べてみましたが、固いし、甘みもまったくなく、食べられたものではありませんでした。それでもヒグマはデントコーンが大好物。作付け面積が増えるのに比例してヒグマの食害も増え、捕獲数も増え続けています。悪いことに、実が熟す晩夏は山の餌の端境期で、ヒグマが最も腹を空かせている時期なのです。

こうした悪条件が重なり、デントコーン畑はまさに魅力的な死地となっていると、佐藤さんが教えてくれました。わなで獲っても、次から次に別のクマがやって来るという状況です。獲っても被害は減らない上、本来の奥山で暮らすヒグマの生態すら狂わせているともいえる状況が生まれているのです。

人獣接近

飼料用コーン食害 深刻

被害額10年間で7割増

道内の飼料用トウモロコシ「デントコーン」畑でヒグマの食害が深刻化している。輸入穀物の価格上昇を背景に進んだ作付面積の拡大に伴って、被害額は過去10年間で7割も増えた。クマの好物にもかかわらず、山林に隣接する畑を電気柵で囲う対策が十分でないのが要因の一つ。専門家は人里にクマを誘い込み、人身事故を招きかねないとして対策の徹底を訴えている。

（尹順平、内山岳志）

2022年9月15日、収穫を控えた北見市開成地区の約30ヘクタールあるデントコーン畑。小型無人機ドローンを使い、畑を上空から見ると、山林に近い場所で「ミステリーサークル」のように食い荒らされた跡が点在していた。「こんなに食べられているとは。飼料代が高騰する中、わやだ」。畑を所有する酪農家山内隆さん（79）は画像を見て天を仰いだ。

被害に気付いたのは8月17日。コーンがなぎ倒され、実が食べられていた。クマの足跡があり、地元猟友会が箱わな2基を設置したが、捕獲はできていない。

飼育する乳牛約200頭の餌として、約30年前に生産を始めた。初めての被害は4年前で、その後は毎年食害に遭ってきたという。エゾシカ対策で電気柵は設けているが、地面を掘って侵入したクマに最大1ヘクタール分食べられたこともある。「トラクターで収穫中、親子2頭が畑から出てきたこともある。収穫作業が怖い」

北海道猟友会の堀江篤会長（74）＝北見市＝によると、茎が高さ2メートルに達するデントコーン畑では、クマの姿が確認しにくく、猟銃の弾が茎に当たって真っすぐ飛ばない可能性があり、駆除が最も難しいという。被害は収穫時に判明するケースが大半で、堀江会長は「農家がいつ襲われてもおかしくない」と語る。

食害は作付面積の拡大を上回るペースで全道で増えている。農林水産省によると、作付面積は2010年度の4万7千ヘクタールから20年度は5万7千ヘクタールと2割増えたのに対し、被害額は10年度の7800万円から20年度は1億3700万円と7割も増えた。道ヒグマ対策室は「畑を餌場と認識し、人里に現れる問題グマを増やしている状況」と深刻にみているが、農家にとって電気柵設置は、費用や下草刈りの手間などから簡単ではない。

今年から2ヘクタールでデントコーンの栽培を始めた砂川市

道内のデントコーン作付面積とヒグマによる被害額の推移

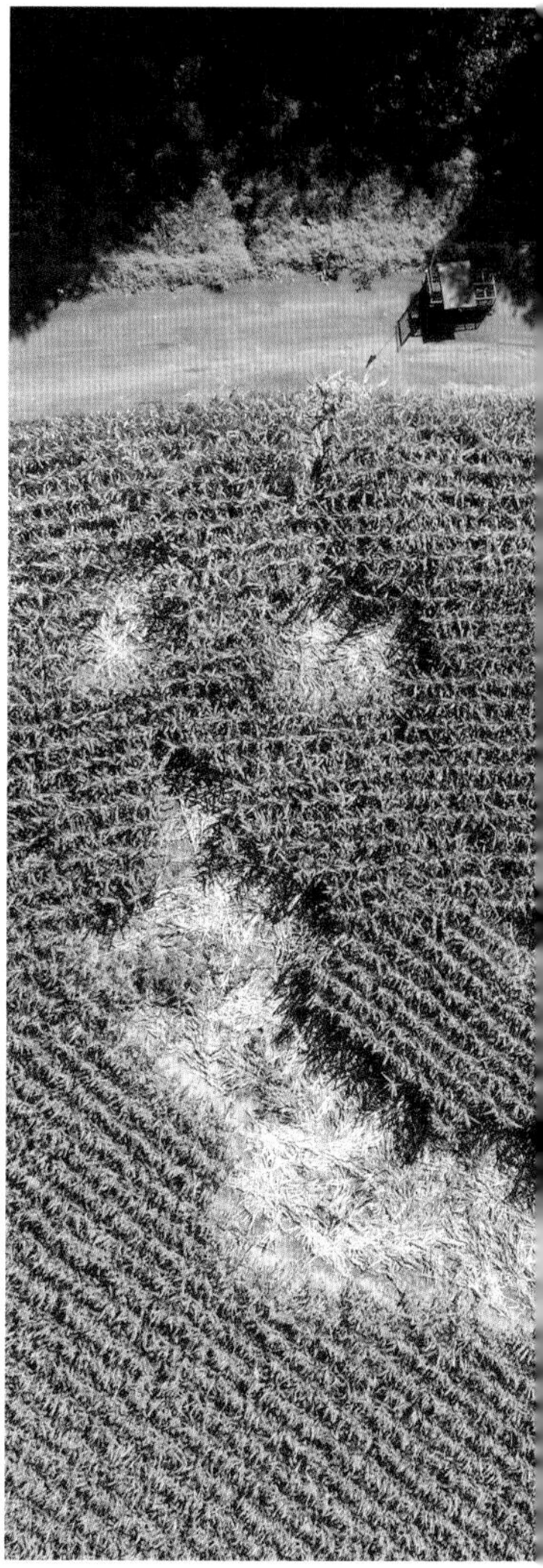

クマの食害に遭った北見市のデントコーン畑。道路上には箱わなが設置されていた＝9月15日、北見市開成（小型無人機使用）

の牧場では、8月からヒグマが出没。同市が設置した自動撮影カメラには、9月13日に2頭の若グマが連れだって畑から出る様子が撮影されていた。付近の車道には多数の足跡があり、デントコーンの芯が散乱。別の日には若グマとは別の個体が午後4時に現れ、翌朝4時に畑を出る姿が映っていた。12時間近く畑にいたとみられ、調査した道猟友会砂川支部の池上治男支部長（73）は「クマにとって安全で食べ放題の食堂になっている」とため息を漏らす。

酪農学園大の佐藤喜和教授は、デントコーンが狙われる理由として①山に餌が少ない晩夏に実る②収穫まで人が立ち寄らない③電気柵設置などの対策が徹底されていない――の3点を挙げる。全道でクマの個体数が増えている中、箱わなを設置しても次から次へとクマがかかるだけで「被害の削減につながらない」と指摘する。

佐藤教授は「わなにかからないすべを学習したり、人里へ出てきたりするクマを減らすためにも、山から離れた畑への作付けや、山際を電気柵で囲うなどの対応に本腰を入れる必要がある」と話している。

【2022年10月3日掲載】

駆除1000頭超えの衝撃

「2021年度のヒグマ駆除数が大台を超えるみたいですよ」。北海道庁を担当する記者からの連絡を受け、私たち社会遊軍でもその記事と一緒に掲載する社会面の「サイド記事」の準備を始めました。

千頭超えは、道庁に残る1962年（昭和37年）以降の統計資料のうち最多で、文献に残る統計でも、1906年（明治39年）以来115年ぶり。1887年の1122頭、88年の1082頭に次いで3番目となり、まさに北海道開拓期の水準です。しかも増加傾向は続いていて、毎年千頭近くを駆除しても生息数は減っていないことを意味します。

ここ数年間でも、札幌市東区で人が襲われるのが143年ぶり、道立野幌森林公園（札幌市、江別市、北広島市）にヒグマが出没するのも78年ぶりなど、戦後起こっていなかった事態が次々に発生しました。やがて私の中に一つの仮説が浮かんできました。「もしかしたら、今ヒグマはこれまでで一番多いんじゃないか」――。

生息域　人里まで拡大

ハンター確保課題

2021年度の北海道は、ヒグマの捕殺数と農作物被害額、人身被害者数がいずれも、統計の残る1962年度以降で過去最多となる記録的な1年となった。駆除や狩猟などで捕殺された個体は1056頭で、公式記録が残る1962年度以降で初めて千頭を超えた。前年度より126頭多く、過去最多を更新するのは2年連続。人身被害は14人、農作物被害額は2億6200万円で、いずれも最多となった。生息数の増加に伴い、人里やその周辺への出没が増えているため、道は22年2～5月、長年規制してきた冬眠中や親子連れのヒグマの許可捕獲を解禁する。クマを駆除できる熟練ハンターは高齢化などで年々減っているため、被害拡大を防ぐには新たな人材確保策の検討が課題となる。

千頭超115年ぶり

長年ヒグマの人身被害などについて研究している旧北海道開拓記念館（現北海道博物館）の元学芸員、門崎允昭さん（84）によると、捕殺数が千頭を超えたのは1018頭だった1906年（明治39年）以来115年ぶり。21年度の1056頭は、1887年（同20年）の1122頭、88年（同21年）の1082頭に次いで過去3番目で、開拓期並みの多さという。

捕殺の内訳は、農作物や人の被害を防ぐ害獣駆除が999頭（道許可986頭、環境省許可10頭、警察官命令3頭）、ハンターを育成する道の許可捕獲が12頭、狩猟が45頭（猟期は10月～1月の4カ月）だった。

人身被害は死亡が4件4人、負傷が5件10人。62年度以降の統計で10人を超えるのは初めて。渡島管内福島町で畑作業中の女性が死亡したほか、札幌市東区の住宅街では4人が重軽傷を負うなど人里やその周辺での襲撃が目立った。

ヒグマの生態に詳しい道立総合研究機構の間野勉専門研究員は「捕殺数が千頭を超えたのは、クマの人間社会への依存度が増したことの表れだ」と指摘する。

畑への侵入対策進まず

クマはもともと、山中の木の実や草本類、昆虫を主食としてきたが、エゾシカの増加で木の実や草本類が減ったことなどを背景に、近年は栄養価の高いデントコーンなどの農作物に餌をシフトさせてきた。捕殺数が増えたのは、畑に出てきたクマを駆除した結果でもある。

農作物の被害防止には、電気柵を張って畑への侵入を防ぐほか、山際の畑にはクマの好む作物を植えないことなどが必要となる。しかし大規模化が進む農家では、人手不足から、防除より、出て来たクマを捕るという方法に頼りがちだ。

チェーンソーを使ってサクランボの木を切るエコ・ネットワークのメンバー＝札幌市南区

砂川市内のデントコーン畑から出るきょうだいとみられるヒグマ＝9月13日（砂川市提供）

道総研の釣賀一二三研究主幹は「畑への侵入対策をとらないままでは、今後も捕殺数は増え続ける」とみる。

一方、21年度は人里やその周辺で人身被害が目立った。札幌市東区では１８７８年（明治11年）以来１４３年ぶりに人が襲われたほか、渡島管内福島町やオホーツク管内津別町では農作業中の女性計3人が死傷。22年3月には住宅街に近い札幌市西区の三角山で冬眠穴を調査していた男性2人が襲われた。

自治体にヒグマ対策を助言している酪農学園大の佐藤喜和教授は「山中でしか起きていなかった人身事故が市街地や農地でも起き、ヒグマ問題は大きく様変わりした」と指摘する。三角山の事例などを踏まえ、クマが人里近くに生息域を広げていると分析し、一定程度の駆除はやむを得ないとみる。

親子の捕獲解禁

クマの人里周辺への出没が増えたことで、猟友会員の負担感は増している。駆除に加え、足跡やふんなどの痕跡の調査、巡視の要請が各地で相次いだためだ。ただ、駆除や調査を担えるハンターは高齢化し、北海道猟友会の堀江篤会長は「クマを駆除できるハンターは60代以上が半数以上だ。行政はもっと若手ハンターの育成に力を入れるべきだ」と訴える。

道は23年2～5月、人里への出没を防ぐため「春期の管理捕獲」を始め、長年規制してきた冬眠中や親子連れのクマの捕獲を解禁する。春期の管理捕獲を若手ハンターの育成にも活用する。

間野研究員は「現状では若手ハンターの育成は追いつかず、春期の管理捕獲は絵に描いた餅になりかねない。クマ対策を専門に担う民間組織も育成しないと手遅れになる」と指摘し、自治体が職員の中からハンターを育成する「ガバメントハンター」の導入も含めて新たな人材確保策の検討を促している。

農業被害2・6億円

農作物被害が2億円を超えるのは4年連続。21年度はデントコーンが1億3千万円と半分を占め、ビートが４３００万円、小麦が１５００万円、水稲が９００万円だった。水稲は例年の2倍以上となり、檜山、留萌管内で被害が多かった。釧路管内で相次いでいる牛の被害額も一部含む。

推定生息数は、１９６６～90年に冬眠中や冬眠明けのクマを撃つ「春グマ駆除」を道が奨励した結果、90年度は５２００頭前後となり、地域によっては絶滅寸前となったが、２０２０年度には1万１７００頭前後まで回復した。17年度以降は捕殺数が毎年８００頭を超えているが、生息数減少の兆候はなく、農業被害は拡大傾向にあり、21年度は人里での人身被害も多発した。

道は23年2～5月、人里やその周辺への出没を防ぐため、長年規制してきた冬眠中や親子連れのヒグマの駆除を解禁し、「春期の管理捕獲」を始める。人里近くで冬眠穴を見つけた場合は積極的に駆除する方針で、道ヒグマ対策室は「春の捕獲を増やすことで市街地や農地への出没を減らしたい」としている。

（尹順平、伊藤友佳子、内山岳志）

【２０２２年12月31日掲載】

〈道新デジタル発〉

山林で人がクマに襲われる事故を受け、函館市が現場付近に設置した看板＝２月７日、函館市大船町

冬もクマ出没
作業音で冬眠中断も

道内では今季、冬眠しているはずのヒグマによる人身事故や、市街地への侵入が相次いでいる。函館市では2月上旬、山林で作業中の男性がクマに襲われてけがを負ったほか、22年12月には札幌市中央区の住宅街や名寄市中心部の中学校のグラウンドに出没した。クマの生息域が拡大し、人里近くで冬を過ごすクマが増えたことが背景にある。専門家は「クマは人間による音で冬眠から目を覚ましやすい」と指摘し、冬も警戒し、対策を取るよう呼び掛けている。

看板で注意喚起

「突然現れたクマにかまれた」。函館市大船町の山林で2月4日朝、渡島管内知内町の会社役員の男性（69）はクマに襲われた直後、同僚3人と近くの消防支署に駆け込み、訴えた。男性ら4人は山林の枝を剪定していた際、体長約2メートルのクマ1頭と出くわした。クマは程なく斜面を転げ落ちたが、男性は腕や足にけがを負い、一時入院した。

現場から６００メートル離れた場所には温泉施設もあり、函館市は現場近くに注意を呼び掛ける看板を設置した。クマと遭遇した函館の人身事故について、道ヒグマ対策室は「作業の音に驚き、冬眠穴から出てきたのでは」と推測する。

道内のクマはこれまで12月上旬から3月下旬にかけて山林の穴で眠るとされてきたため、冬に人と遭遇することは珍しかった。道によると、統計の残る１９６２～２０２１年度の60年間に道内で起きたヒグマの人身事故１４６件のうち、12～3月の発生は10件と全体の7％にとどまる。10件で計3人が死亡したが、大半は山林内で作業中や狩猟中に遭遇するケースだった。

この冬は函館の人身事故に加え、これまでほとんどなかったヒグマの市街地への侵入が目立つのが特徴だ。

頭数30年で倍増

名寄市では22年12月14日朝、体長約1メートルのクマ1頭が市中心部の市立名寄中のグラウンドを歩いているのを住民が発見した。クマは約30分後にグラウンドから出て近くの川を渡り、山に戻った。生徒や住民にけがはなかったが、同中では約1週間、部活動を中止して集団下校を行った。名寄市の担当者は「クマが出没した場所は山から離れているのに」と驚く。

札幌市中央区円山西町でも22年12月31日昼、クマ1頭が道中央児童相談所敷地内や住宅街の路上を歩く姿が相次いで目撃された。けが人はなく、クマは近くの山林に戻った。22年12月の名寄と札幌での出没について、道ヒグマ対策室は「冬季に市街地にクマが出るのは異例だ」と話した。

出没が相次ぐのは、クマの生息数が増えたことで、市街地周辺にも生息域が広がったことがある。

道は１９９０年、冬眠中や冬眠明けのクマの捕獲を奨励する「春グマ駆除」を廃止し、その結果、生息数は増加。道によると、推定生息数は同年度の５２００頭から２０２０年度は１万１７００頭と、30年間で倍増した。

北大大学院獣医学研究院の坪田敏男教授は、生息域拡大で人里近くで冬眠する個体が増えたと指摘し、「冬場にも人と遭遇し、人身事故となるリスクは上がっている」と強調。冬眠中は近くで人の足音がしても穴から出てくることがあり、「冬山でもクマ撃退スプレーを携帯して。市街地でも出没情報があれば、生ごみを屋外に放置しないなど、対策を取って」と語った。

（尹順平、今井彩乃）

【2023年3月5日掲載】

シカ死骸求め人里へ

車と衝突 出没誘発の恐れ

雪解けとともに冬眠明けのヒグマの目撃情報が全道各地で出始めた。札幌の市街地に近い山林では2023年3月12日、目撃現場近くでクマが埋めたとみられるエゾシカの死骸が見つかった。近年は交通事故などで負傷したシカを餌とするクマが増えており、これまで事例がほぼなかった札幌でも21年5月から23年3月までに市が5件を把握。専門家は死骸がクマの人里近くへの出没を誘発しかねないと警鐘を鳴らす。一方、道は2月、市街地出没対策として親子連れの捕獲や冬眠中の「穴狩り」を解禁したが、雪解けの早さや人材難も背景に、申請市町村数は低調だ。

札幌市南区の果樹園付近で12日、市道から約50メートル離れた山林の地面にクマが埋めたとみられるシカの死骸が見つかった。市が回収したが、同日夕にも同じ場所でクマが目撃された。札幌市環境共生担当課は「クマは食べ物に執着する習性がある」と警戒し、周辺にカメラを設置して監視を続けている。

痕跡や姿次々

札幌市内では21年5月、南区豊滝の除雪ステーション付近と同区滝野の河川敷で、クマがシカを食べたとみられる痕跡がそれぞれ確認された。22年9～10月には、南区硬石山の河川敷に若いクマ2頭が出没。うち1頭は駆除され、近くでシカの死骸を埋めた「土まんじゅう」が見つかった。23年3月6日には、南区八剣山の山中でシカ1頭の死骸とクマの足跡があったと登山者から市に通報があった。

道東では、自動車にはねられるなどしたシカの死骸をクマが食べる事例が知られている。札

3月12日に札幌市南区の果樹園付近で確認されたヒグマの行動

①地面にシカの死骸を埋めたとみられる若いクマ

午前10時ごろ

②斜面を下り戻ってくる

午後4時10分ごろ

③日が暮れた後、シカの死骸を埋めたあたりの地面を探る

午後6時10分ごろ

※写真はいずれも札幌市提供。①は市職員撮影、②③は監視カメラ撮影

幌市によると、市街地近くでの確認は従来はほぼなかったが、21年5月以降、痕跡が相次いで見つかっている。

入手簡単な「餌」

同市内のシカが絡む交通事故は12、13年度は各22件だったが、20年度は104件、21年度は116件と急増。市街地付近でシカが増加し、車と衝突して傷を負い山林で死ぬ事例が増えているとみられる。餌が足りず餓死するケースもあるという。

略農学園大の佐藤喜和教授（野生動物生態学）は「ヒグマが市街地近くでシカの死骸を簡単に手に入れられる状況が生まれつつある。死骸に近づくとクマに攻撃される可能性があるので、見つけた場合は速やかにその場を離れ、市などに通報してほしい」と呼び掛けている。

（岩崎志帆）

道内各地で見られるエゾシカの群れ

「春の捕獲」活用低調

道がヒグマの人里への出没を防ぐため、23年春から対象を拡充した捕獲の申請市町村数が伸びていない。2月から、親子連れの捕獲や冬眠中の「穴狩り」を、市街地や農地から約3～5キロ以内の範囲で解禁したが、道などによると、179市町村のうち、実施を申請したのは3月9日時点で15。ハンターの高齢化などの構造的な問題に加え、例年より雪解けが早く捕獲が難しくなる恐れから、様子見の市町村が多いとみられる。

クマの狩猟期は10～1月で、1990年に道は、規制を設けず実施してきた「春グマ駆除」を廃止。その後、駆除を担うハンターを育てるため、毎年2～5月中旬に特別に許可する「人材育成捕獲」を行い、人里への出没増を受けて、23年2月から「春期管理捕獲」として対象を拡充した。

道ヒグマ対策室によると、事前に捕獲を希望したのは34市町村。申請は2月9日に始まり5月まで可能だが、3月9日までの申請は拡充前の22年2～5月の実施数18を下回っている。

低調さには残雪の少なさが関係している。雪があればクマの足跡を追跡できるため、夏や秋に比べ安全に猟がしやすいという。だが今年は、現時点の積雪が全道的に平年値より少ない。

道の「人材育成捕獲」の実績

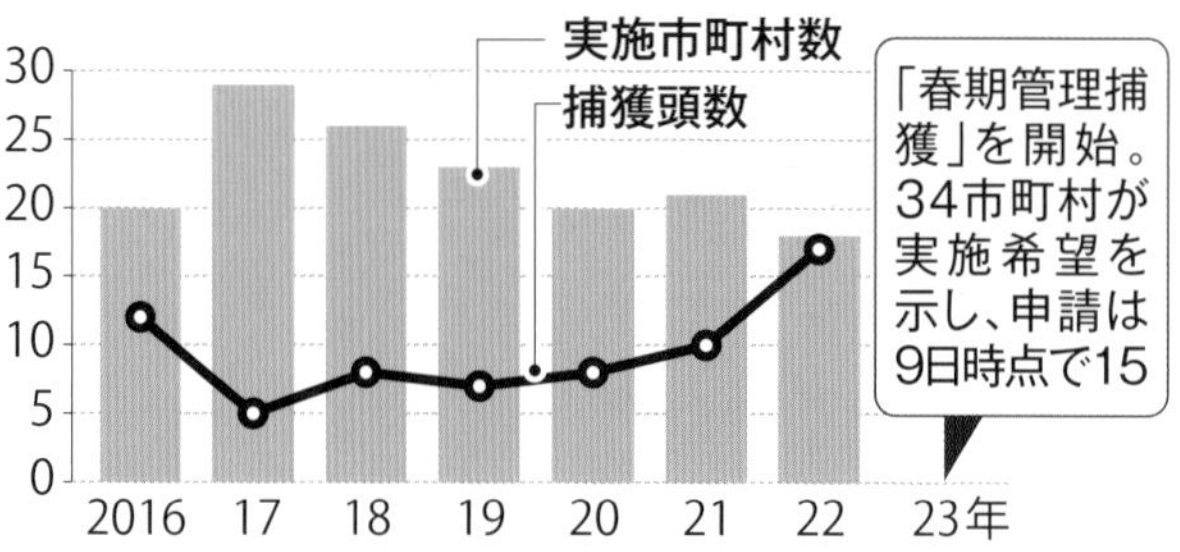

14日時点で積雪がゼロの千歳市は、捕獲を行う予定だったが、申請を見送った。地元ハンターでつくるクマ防除隊隊長で、北海道猟友会千歳支部の坂井憲一支部長は「山の斜面は土が見えている。今の段階では実施は難しい」と語る。

また、新しい制度の詳細を決めるのに時間がかかったため、道の申請受け付け開始は22年より約2カ月遅れた。同室は「市町村に問題点などを聞いて次の対策に生かしたい」と話す。

指導役のハンターの高齢化も進む。道立総合研究機構の間野勉専門研究員は、事前の希望が少なかったことを疑問視。「今後申請は増えるかもしれないが、140以上の市町村が実施の意向を示していない。道は理由を明確にし、人材確保に向けた手だても考えてほしい」と指摘した。

（伊藤友佳子）

【2023年3月15日掲載】

「出没にはパターンがある」

札幌市東区でのヒグマ出没から1年の節目に向けて、どんなことを書こうかと、市役所担当のクマ記者と相談していました。普段の記事は一人で書くことが多いのですが、現場を預かる担当者と「合作」することもあります。雑談を交えながら打ち合わせすることで、アイデアやネタが浮かんでくることもしばしばです。この時期は、参院選に加え、5月には知床観光船事故もあり、なかなか準備に取りかかれないでいました。

「出没にはパターンがあり、分類できるのでは」――。その記者がこんな提案をしてくれました。「それで行こう！」となり、さっそく専門家への取材にかかりました。①若い雄②老練な成獣③子育てする母――なんとも分かりやすく、ヒグマの生態に即した分類ができ上がりました。

これに当てはめれば、近所にクマが出没した場合にも、「どのパターンなのかな」と立ち止まって考えることができます。100パーセント出没を防ぐ方策は今のところありませんが、こうして分析することで、対処法も見えてくると思います。

市街地出没どう防ぐ

出没傾向を三つに分類

札幌市東区の市街地にヒグマが出没し、男女4人が襲われた事故から1年。市街地やその周辺への出没はいまや全道的に珍しくなく、背景にはクマの生息数の増加がある。道立総合研究機構の釣賀一二三研究主幹は過去5年間の出没傾向を①長距離移動する若い雄②老練な成獣③子育てする母グマ――の三つに分類し、「それぞれの類型に合わせた対策が必要だ」と指摘している。

（岩崎志帆、内山岳志）

若い雄
草を刈り移動遮断

一つ目は「長距離移動する若い雄」だ。雌は生まれた場所に近い地域に居着くが、雄は2歳くらいまでに親離れした後、4歳くらいまでに別の土地に移動する「分散期」を迎える。その後は毎年夏に「繁殖期」を迎え、雌を探して歩き回る。移動距離は数十キロから数百キロにおよび、途中で人里やその近くを通り過ぎることがある。

1年前に札幌市東区に出没して4人に重軽傷を負わせたクマは推定4歳の雄で、雌を求めて増毛山地方面から河川敷の草地などに隠れながら移動してきたとみられる。2018年に宗谷管内利尻島に上陸したクマも、雌を探すために20キロ近く海を泳いだと推定される。

釣賀さんは東区の出没例を踏まえ、「広域で連携して河川敷の草を刈るなど、クマが隠れて移動できる経路を遮断する対策が必要だ」と指摘する。市も22年度は約3600万円を予算化して草刈りを進めており、23年度以降も継続的に予算を投じられるかが課題だ。

老練な成獣
電気柵で追い払う

二つ目は、人を巧みに避け、危険の有無も見分けて人里に近

過去5年の主なヒグマの出没例 3類型

類型	時期	内容	個体
長距離移動する若い雄	2018年5月	106年ぶりに利尻島に上陸。1カ月半で離島か	成獣
	19年5~9月	78年ぶりに野幌森林公園（江別市など）や札幌市南区真駒内に出没	2歳 駆除
	21年6月	石狩方面から石狩川を渡って札幌市東区の住宅街に出没し、男女4人を襲撃	4歳 駆除
老練な成獣	18年8月、19年7~8月、21年6月	根室管内羅臼町の飼い犬ばかり4年間で計8頭を襲撃。通称ルシャ太郎（RT）	雄12歳以上
	19年7月~21年11月	釧路管内標茶、厚岸両町で放牧中の牛を襲い、3年で計57頭が被害。通称オソ18	雄成獣
	19年8月	札幌市南区藤野の住宅街に連夜出没。家庭菜園を荒す	雌13歳以上 駆除
子育てする母グマ	19年7、9月 20年5、6月	南区の国営滝野すずらん丘陵公園内に母子で侵入	成獣
	22年3月	札幌市西区の三角山で冬眠中、調査に訪れたNPO法人職員2人を襲撃。冬眠穴には2頭の子グマも	12歳以上
	22年5、6月	南区中ノ沢で3頭の子グマを連れた母グマの目撃が相次ぐ	成獣

づき餌をあさる「老練な成獣」だ。根室管内羅臼町では18～21年に飼い犬8匹が同一のクマに襲われた。推定12歳の雄で、専門家は「知床半島の山林の食料が乏しい時、簡単に手に入る食料として犬を襲うことを学習した可能性もある」と指摘する。駆除を目指す地元ハンターと何度も出くわしながら、威嚇したり、とっさに逃げたりして生き延びている。

釧路管内標茶町と厚岸町では19～21年、放牧牛57頭がクマに襲われて死傷した。うち18頭は、現場に残された毛などから同一の雄の成獣の仕業と判明した。農作物を狙って出てきたついでに牛を襲うとの見方もあるが、箱わなにはかからず、人がいない夜間にだけ行動して、今もひそかに暮らす。

19年夏に札幌市南区の住宅街に出没した13歳以上の雌は、成長するに従い果樹園や放棄果樹を荒らすようになり、ついには家庭菜園の野菜を狙って住宅街もうろつくようになった。やはり箱わなにはかからず、2週間近く住宅街に出入りした末、近くの山林に潜んでいた時に猟銃で駆除された。

市街地での猟銃使用は住民の安全確保など制約があるため、老練なクマへの対処は難しく、釣賀さんは「最初に被害が出た段階で電気柵などで徹底的に追い払うことが重要」と語る。

子育てする母

対策の議論が急務

三つ目は「子育てする母親」だ。繁殖期の雄は子グマを殺すことがあるため、子連れの雌の中には、雄が警戒して近づかない人里付近に逃れる個体もいるという。近年は生息数の増加に伴い雌の生息域がさらに市街地に近づき、22年3月には、市街地から500メートル程度の札幌市西区の三角山登山道近くで子グマ2頭を連れた雌の冬眠穴が見つかった。札幌市中央区から南区にかけての藻岩山山麓にも、繁殖しているクマが数頭いるとみられている。

市街地近くで生まれ、人の気配に慣れた子グマが育つと、市街地への出没を繰り返す恐れもある。釣賀さんは「人里近くに居着いたクマを奥山に追い払うのは難しい。行政と専門家で早急に対策について議論することが必要だ」と促している。

【2022年6月18日掲載】

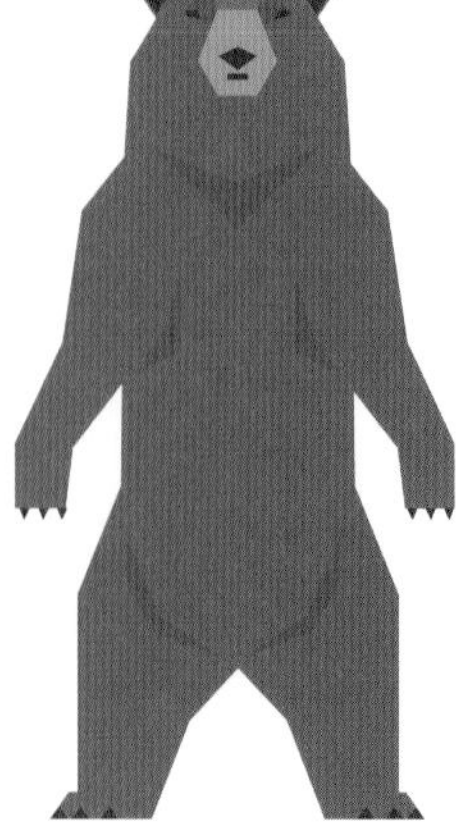

対論 ヒグマとどう共生するか

人里に近づいて駆除されるヒグマが急増している。２０１８年度は統計が残る１９６２年度以降で最多の８２７頭となった。19年８月には札幌市南区の住宅街を闊歩するクマの姿が連日報じられ、茶の間でも駆除の賛否が議論された。人はクマとどう付き合うべきか、専門家と保護団体代表に聞いた。（内山岳志）

GPS付け行動確認を

酪農学園大教授　佐藤喜和さん

２０１９年夏、札幌の市街地や道立野幌森林公園にヒグマの出没が相次ぎ、駆除する事態となりました。今後も侵入路に付いた臭いをたどって、別のクマが次々とやってくる可能性があります。その時に「また出るとは思わなかった」では済みません。

住宅街に侵入したクマは繰り返しやってきます。執着性がものすごく強く、一度食べたものから離れられない習性があるからです。道東では雄グマの８割が畑のデントコーンを食べていたというデータもあります。一方、10年以上畑近くに暮らしていても作物を決して食べないクマもいます。最初の一口を食べさせない対策が必要です。

さとう・よしかず　東京都出身。北大入学後すぐに北大ヒグマ研究グループに入ってクマ研究の道に入った。東大大学院で修士、博士号を取得。日大准教授を経て 2013 年から現職。人とクマの共存を目指す「日本クマネットワーク」代表も務める。

農業地帯では、食害が起きると、ヒグマは有害駆除の対象となります。ただ、エゾシカと比べると農家の経済的な損失は小さいため、侵入を防ごうという動機付けは弱く、対策は進んでいません。結局、人身被害の危険もあるため箱わなをしかけたり、猟友会のハンターが出動したりして駆除していますが、ほかのクマに対する学習効果はなく、次から次へと別のクマが現れては駆除される悪循環が続いています。その結果、18年度は８００頭以上が駆除されました。

大都会の札幌も例外ではありません。２０１６年の生息調査では南区と西区、中央区の市街地から半径4キロの森には約30頭が暮らしていました。この数は今も減っていません。この中から人里に繰り返し現れるクマが出てくるのです。

一度、人里に頻繁に現れるようになったら、速やかに駆除するしかありません。そうなる前に、銃を持ったハンターが人里近くの森でクマを追い回して恐怖感を抱かせれば、クマを遠ざける効果が期待できます。

森と住宅地の境界の草地は草刈りをしてクマが隠れられないようにし、侵入経路には電気柵を張るなど市街地にクマを入らせない対策も必要です。住宅街の実のなる木は切り、ごみステーションはこじ開けられない金属製に取り換え、クマを引き寄せるものは極力減らすべきです。

こうした取り組みを行政と住民が一体となって行わなければいけない時期に来ています。やれば効果も実感でき、先進事例として他の自治体への波及も期待できます。それでもクマが住宅街に侵入してきたなら、駆除してもやむを得ないと理解を得られやすくなります。対策もせずに駆除を続ければ、動物愛護の観点から批判は免れないでしょう。

私は札幌の市街地周辺に暮らすヒグマを一度捕獲し、衛星利用測位システム（GPS）発信器を付けて山に戻すことを提案しています。クマがどこにいるか常時確認でき、宅地に近づいた際の追い払いも効果的に行えます。移動経路や生活実態の調査にも役立ちます。

駆除よりすみ分け探れ

日本熊森協会会長　室谷悠子さん

人里に降りてきたクマに、駆除ありきで対応するのは反対です。追い払うなどの対処をまず行うべきです。全国では今、北海道のヒグマだけでなく、本州のツキノワグマも大量に駆除されており、駆除数（狩猟は含まない）は2008年度の1370頭から18年度は3442頭と2・5倍近くになりました。このまま乱獲すれば、壊滅的な危機につながります。

われわれが問題視しているのは駆除の方法です。最近はハンターの減少に伴い銃による捕殺は大幅に減りましたが、安易に箱わなで捕獲して殺すようになりました。西日本ではクマの好物の米ぬかを仕掛け、何も悪さをしていないクマをわざわざ引き寄せて殺しています。

私の住む兵庫県でも、県の推定生息数830頭に対し、18年は2379基もの箱わなが仕掛けられました。春から秋まで8カ月間も設置された箱わなもあり、まさに異常事態です。08年度に3頭だった駆除数は18年度には58頭に増え、本年度はすでに115頭と過去最多になりました。人間の過剰防衛と言えます。

クマは元々、奥山ではなく、エサとなるドングリや果樹の実りが良い平地を生息地にしていましたが、市街地が広がり、奥山に追いやられました。しかし今は、奥山も、植林されたスギやヒノキなど針葉樹が増え、ドングリなどの実をつける広葉樹が減ってきました。一方で、人里は人口減少や高齢化で人間の活動量が減り、クマが降りてきやすい状況になっています。この結果、人里近くにクマが居着き、本来いてほしい奥山の生息密度が低下するドーナツ化現象が起きています。

これを解消するため、私たちは06年に奥山保全トラストを設立し、寄せられた寄付で森林を買い取り、クマだけでなくあらゆる動植物が暮らせる自然林の保護、再生に取り組み始めました。現在、本州以南に2115ヘクタールの森林を所有しています。

木の実の種は、森を歩き回る

むろたに・ゆうこ　兵庫県尼崎市立武庫東中に在学中の1992年、森山まり子教諭や同級生とツキノワグマの保護運動を始め、京大在学中の97年、日本熊森協会の設立に参加。2018年に初代の森山会長を継いで2代目会長に就いた。09年に弁護士登録。

クマのふんとなって山中に分散します。クマが木に登れば、枝を折って剪定の役目も果たします。そうやってクマは日本の森を維持してきました。

近年は「ワイルドライフ・マネジメント」（野生動物管理）という考え方が主流となっていますが、駆除によって生息数をコントロールしようという考え方だとしたら人間のおごりです。私たちが取るべき道は、人とクマとのすみ分けです。日本では古来、人里の周りに石垣を積み、野生生物と人の生活圏を分けてきました。

駆除ではあつれきは解決しません。人間側がやるべき対策はたくさんあります。私たちの活動の原点は「同じ仲間として共存したい」という思いです。その方策を一緒に考えていきたいです。

【2019年12月4日掲載】

「有害性の判断」の目安

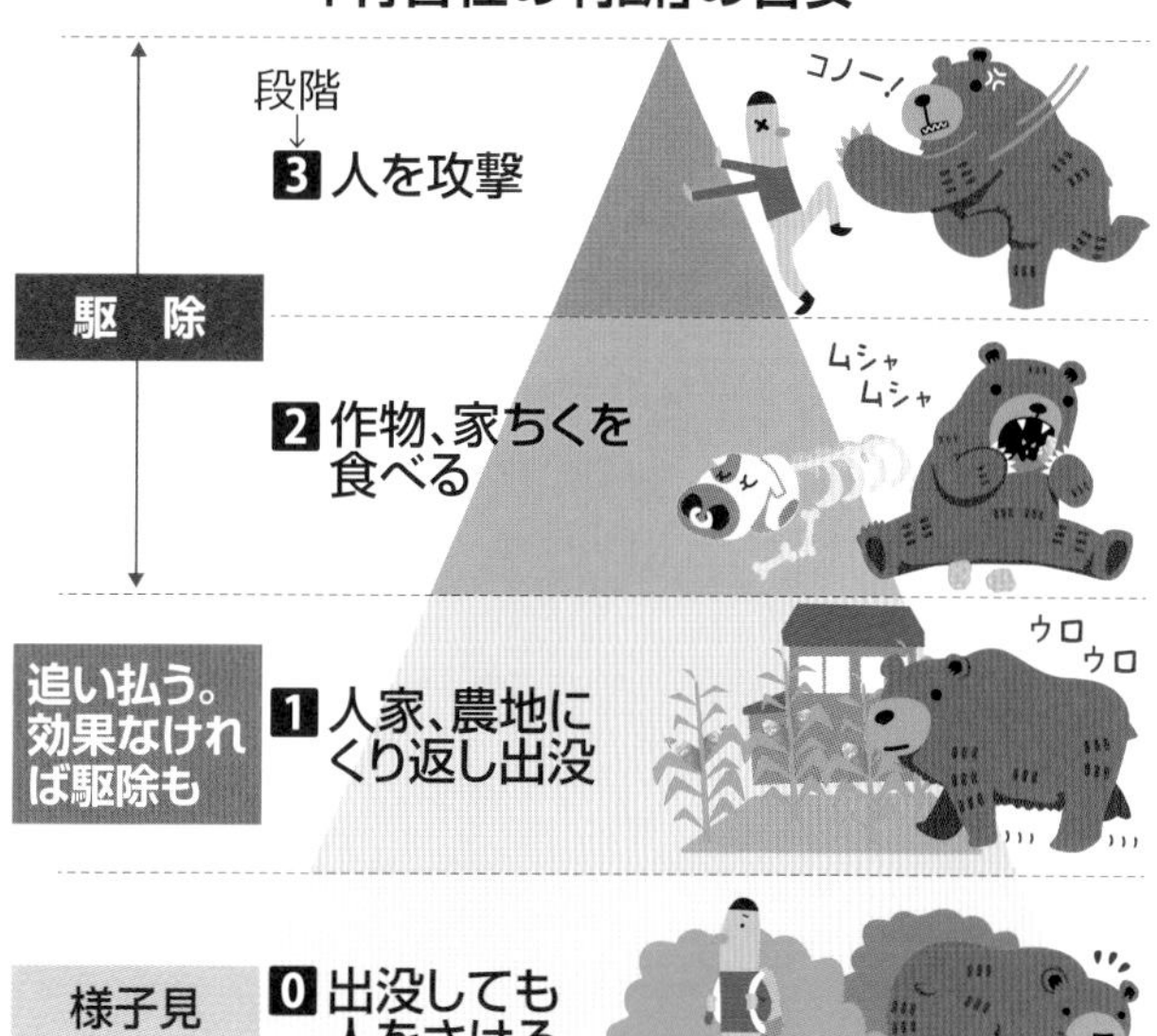

人里でのヒグマ対策の課題

- ▶麻酔銃は効果が遅く、逆上して反撃される恐れも
- ▶猟銃使用には厳しい制限がある
- ▶山に戻しても再び出没する可能性が高い
- ▶捕獲しても集団で飼育できず、施設もない
- ▶犬による追い払いは有効。育成には手間と資金も
- ▶電気柵は効果があるが、下草刈りなど管理の手間も

ツキノワグマの状況を聞く

この討論の取材のため、長年クマの保護に取り組んできた日本熊森協会の本部がある兵庫県を訪ねました。熊森協会は、本州のツキノワグマの保護を中心に、クマと森を守る活動を行っている一般社団法人です。

会長の室谷悠子さんは中学時代から、先生だった前会長とツキノワの保護活動を始め、それがこうじて弁護士にまでなった人です。ツキノワの駆除は、ばらつきはあるものの、2010年の3074頭から、20年では6085頭と、10年で倍増しています。室谷さんは「里山に人が減った結果、本来いてほしい奥山の生息密度が下がり、人里近くに居着くクマが増えるドーナツ化現象が起こっている」と話していました。これは北海道も同じです。

筋金入りといわれる保護団体に、少々びびりながら取材に行ったのですが、一気に意気投合してしまいました。そしてこの記事は、三省堂の高校「現代国語」の教科書に掲載されるというサプライズもありました。書いた私に連絡はなく、紙面で知ることになるのですが。

2

生態を知る

事件の傷跡生々しく

戦時中、北大生と米国人英語教師がスパイの疑いをかけられ逮捕された宮沢・レーン事件の真相を追い続ける市民団体の取材の中で、メンバーの中原豊司さんと知り合いました。学生時代は北大ワンダーフォーゲル部員として道内の山々を登る青春を送っていたことは承知していました。

あるとき中原さんは、「福岡大ワンゲル部を襲ったクマに、俺も襲われそうになったんだよ」と語り始めました。登山中最悪の熊害（ゆう）事件として知られるこの事故は、福岡大の学生3人が日高山脈のカムイエクウチカウシ山で次々にヒグマに襲われ、3人が死亡しています。食べ物に執着するヒグマの性質や怖さを知らない学生が、取られたザックを取り返したがために襲われたとの見方がありました。

しかし実態は、何日にもわたって別の登山隊員を襲っては、ザックの中身の食料を奪うという行為を繰り返していたことが、中原さんらの証言から分かりました。つまり、ヒグマは次第に行動をエスカレートさせた結果、たまたま犠牲となったのが福岡大生だったのです。

中原さんが保管していた大型のザックには、当時クマがつけた傷が今も生々しく残っていました。時代も場所も違う二つの事件がつながって生まれた記事といえ、こういう縁に出会えるのは新聞記者の醍醐味です。

ヒグマ襲撃 教訓今も

日高山脈で3人犠牲 福岡大事故50年

1970年7月、日高山脈カムイエクウチカウシ山（1979メートル、十勝管内中札内村など）で、福岡大生3人がヒグマに襲われ死亡するという戦後最悪の人身事故が起こった。当時はクマの習性に対する学生の知識不足と個体固有の凶暴さが重なった特異な事故との見方が強かったが、前後して同じ山中にいた道内の関係者は「自分たちも含め、複数のパーティーが同じクマに食料を狙われた」と証言。専門家は、クマは食料に執着する習性があるため「誰でも被害に遭いかねなかった」とし、50年前を教訓に改めて警鐘を鳴らしている。（内山岳志）

「テントに近づいてきたクマと向き合った時は、恐怖が全身を走った」。北大ワンダーフォーゲル（WV）部員だった札幌市の中原豊司さん（72）は、カムイエクウチカウシ山中での50年前の出来事を昨日のことのように振り返る。

中原さんら部員4人がクマと遭遇したのは70年7月22日夜。前日朝の入山直後、クマに追われて下山中という酪農学園大と室蘭工大のパーティーに下山を促されたが、そのまま登山を続け、山頂を踏破してキャンプ地に戻った直後だった。

キャンプ地には小樽商大など複数のパーティーが宿泊していた。到着後ほどなく、別の北大パーティーの学生が「クマに追われた」と逃げてきた。気づくと自分たちのテントが倒され、食料が入ったザックがなくなっていた。仲間とたき火を囲んで寝ずの番をしていると、数十メートル先にクマの目が光り、付近を何度も行き来するのを見た。

23日未明、近くにいた別のパーティーから「そっちに行くぞ」と叫び声が聞こえた。ライトで照らすと、テントのそばに体長約180センチのクマがおり、頭を振りながら5メートル先まで近づいてきた。仲間の1人が後ずさりし始めたが、別の仲間が「下がるな」と怒鳴った。震えながら対峙すること1分。クマは立ち去った。

自分たちのテントから離れて

（右）福岡大生を襲ったとされるヒグマの剥製（頭部は別のクマ）＝日高山脈山岳センター
（左）ヒグマに1度奪われた50年前のザックを手に当時を振り返る中原さん

他大と合流。一緒に下山することになり、明け方、テントの撤収に戻ると、近くの岩陰にザックが放置され、中に入っていた小麦粉やタマネギが散らばっていた。中原さんは「登山者の食料に味を占めたクマが人に繰り返し近づくようになったのかもしれない。自分たちが被害に遭ってもおかしくなかった」と話す。

　福岡大WV同好会の5人が襲われたのは、直後の7月25〜27日。野営中にザックに入った食料を奪われた後も登山を続けた末、再び襲われ、助けを求めて下山中に3人が命を落とした。

　この年に北大ヒグマ研究グループを創設し、事故を調査した小川巌さん(75)も、食べ物に執着するヒグマの習性に着目した。登山者の残飯を食べたクマがその後、食料を狙って①登山者につきまとう②テントを荒らす③人を襲う——と徐々に行動をエスカレートさせたと分析。「人を追うクマの情報があればすぐに下山すべきだ。登山者が対応を誤れば、今後も同様の事故は必然的に起こる」と訴える。

　福岡大生を襲ったクマは29日に駆除されたが、この山ではその後も、登山者が別のクマに襲われる事故が散発。だがハンターの高齢化などで駆除は一段と困難となっており、道立総合研究機構の間野勉専門研究主幹は「入山を禁止するなど対策を講じないと、再び事故が起きかねない」としている。

【2020年12月20日掲載】

侮れない市民科学

北大ヒグマ研究グループは北大生でつくる大学非公認のサークルです。その歴史は深く、1970年に創設されて以降、数多くの野生鳥獣の研究者や専門家が巣立っています。

　最も長く続いているのが北大天塩研究林(宗谷管内幌延町)内で行うヒグマの痕跡調査です。ふんや足跡、フキなど植物の食痕を細かく記録に残してきました。その結果、90年ごろには林内のヒグマが一時絶滅状態になっていたことが明らかになりました。

　研究機関や専門家でない学生や愛好家が行う野外調査は「市民科学」と呼ばれ、かつては「所詮アマチュアの仕事」と軽視されてきました。しかし、定点を長年観測できる地元に暮らす市民科学者の成果は、近年学術界でも評価が高まっています。

　実際、絶滅状態の時は一つの痕跡も見つからないという時期が続き、クマ好きの学生からすると退屈極まりない時期もあったと聞きます。それでも伝統を守り、継続したからこその大きな成果だと言えるでしょう。

北大天塩研究林 クマ一時「絶滅」

春の駆除 影響裏付け

北大生でつくる「北大ヒグマ研究グループ（クマ研）」が1975年から40年間にわたり、同大天塩研究林（宗谷管内幌延町）で行ってきた生態調査のデータを解析したところ、冬眠中に行う「春グマ駆除」の影響で、90年には研究林内のクマがほぼ絶滅していたことが分かった。同年に春グマ駆除が廃止されてから生息数は徐々に回復したが、他の場所から移ってきたクマの可能性が高く、保護管理政策が生態系に大きな影響を及ぼすことが裏付けられた。

道内のヒグマ生息数は、69年から90年まで続いた春グマ駆除で大きく減少したことは知られていたが、特定の地域の個体群に対する影響についての長期的な研究はなかった。学生による大型哺乳類の長期調査としては世界的にも珍しく、人里への出没が増え、被害が問題化する中、適切な保護も求められるヒグマ政策に関する貴重な知見となりそうだ。

研究林の広さは約225平方キロ。クマ研は75年から毎年2週間かけ、同一のルートと手順でほぼ全域を歩き、生息数の指標となるクマのふんや足跡の痕跡を記録してきた。

今回は75年から2015年までの調査データから、クマの足跡とふんの発見率を比較。足跡は70年代には5平方キロに一つの割合で確認されていたが、80年代には急速に減り、90年には発見率が20平方キロに一つの割合まで下がった。一方、ふんは、地域内にクマがすんでいるかどうかを判断するのに、足跡より有力な痕跡と考えられているが、80年代から90年代半ばまでほぼ発見できなかった。

研究論文は21年7月に米学術誌に掲載された。クマ研のOBで、論文の著者の一人でもある道立総合研究機構の研究職員・日野貴文さん（43）は「研究林では80年代から90年代半ばまで、林を通過するクマはいたが、定住していた個体群は絶滅状態だった」と分析。春グマ駆除が廃止されて以降は生息数が回復したが、南側に位置する同大中川研究林（上川管内中川町、音威子府村）に生息していたクマが徐々に北上してきたためだと結論付けた。

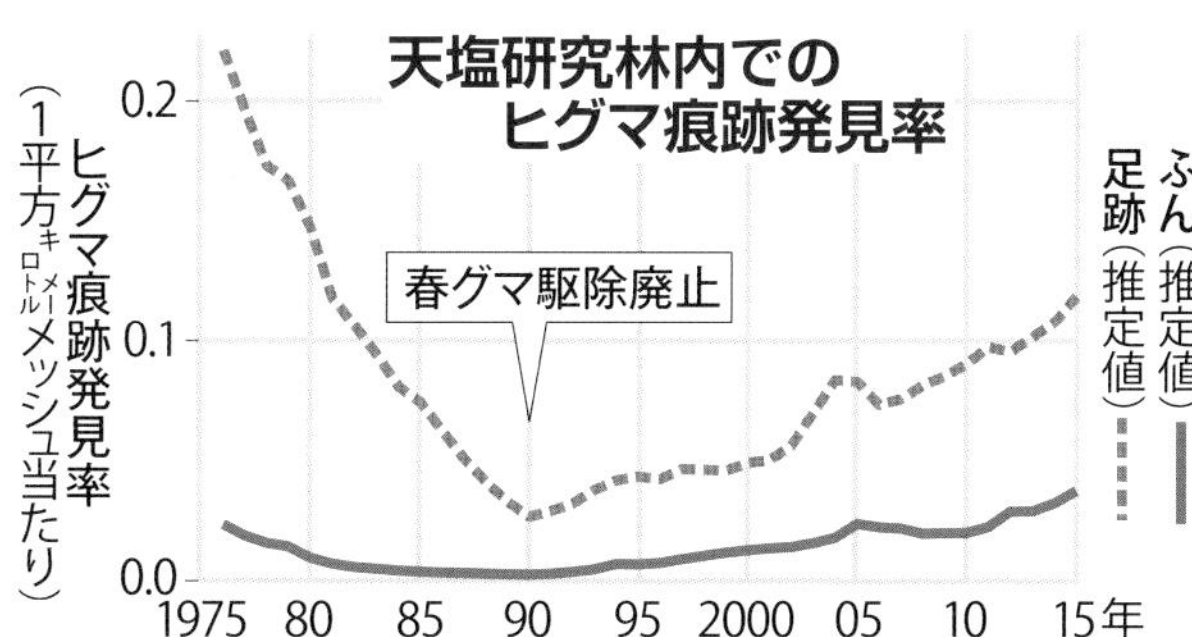

春グマ駆除の廃止に伴うクマの生息数増加を受け、道はヒグマの狩猟期間の期限を1月から残雪期の4月中旬まで延長する方向で検討している。酪農学園大の佐藤喜和教授（野生動物生態学）は「クマ研の調査は、春グマ駆除が道内のクマの生息域に大きな影響を与えたことを示す貴重なデータ。今後の保護と個体数管理のバランスを探っていく上でも、こうした地道な調査が不可欠だ」と話した。

（内山岳志）

【2021年9月16日掲載】

「きつい…」道なき道をゆく

札幌市内でヒグマの市街地出没防止のための果樹伐採活動を行う環境市民団体エコ・ネットワークの小川巌代表は、北大ヒグマ研究グループの創設者の一人。小川さんの1年間の活動を振り返る報告会を取材した後、会場での打ち上げに混ぜてもらいました。

報告会には、大学院生でクマ研OBの伊藤泰幹さん＝現在は北大大学院文学院に所属＝が発表者として参加していました。「北大天塩研究林でのヒグマの痕跡調査に同行させてほしい」。私はこのチャンスを逃すまいと頼み込みました。伊藤さんには「きついですよ」「身の安全も保証できませんよ」と念を押されましたが、研究林の許可もなんとか取り付け、同行取材が実現しました。

調査はまさに過酷の一言。2メートル先も見えない深いササやぶを漕ぎ、道なき道を進みます。20歳前後の学生たちが、仕事でもないのに、こんなきつい調査を続けてきたことに感銘を受けつつ、一度もヒグマとの事故を起こしていないという安全対策の徹底ぶりにも驚かされました。

その一つが、クマに自分の存在を知らせる声掛けです。「ポイポーイ」「ポイポーーイ」と皆で連呼すると、クマに遭うかもという恐怖がすこーし和らぐのは不思議。ぜひお試しください。おすすめです。

［同行取材］生息数調査 地図、コンパスで

調査初日の2022年8月13日早朝、研究林東部の沢沿いを巡る調査班に同行した。「ポイポーイ」。林道に入ると、クマ研の調査隊員が独特の声を出し始めた。クマとの遭遇を防ぐクマ研伝統の声出しだ。なぜ「ポイポーイ」かは謎だが、クマに襲われたことは一度もない。

クマ研には現在25人が所属。75年に始まったこの調査は、手分けして28ルートを歩き、ふんや食痕を調べ、生息数や性別、餌などを分析する。22年は8月13～26日、計10人が参加した。

同行したルートは農学部森林科学科4年葉山翔太さん（22）と同畜産科学科2年大石智美さん（19）が担当し、5カ所に設置してある自動撮影カメラの記録を回収し、電池を交換した。

3カ所目は前回の調査時、クマにカメラケースを割られた場所だ。カメラは設置し直したが、故障していたようで、今回は何も写っていなかった。カメラは1台約4万円。葉山さんは「NPOの助成もあるが、慢性的な金欠」と苦笑した。

近くで見つけた木には体毛が付着していた。「背こすりですね」と葉山さん。クマは木に背をすりつけてにおいを付け、コ

地図とコンパスを頼りに現在地を確かめる北大クマ研の山本さん（左）と土屋さん＝2022年8月14日、北大天塩研究林

ミュニケーションを取っていることが近年の研究で分かっている。初日の調査は全長9キロ、約4時間半だった。

「痕跡なし」も重要

2日目はクマ研代表の農学部森林科学科3年土屋良さん（21）と調査隊長の法学部2年山本大河さん（20）に同行した。クマ研の踏査は、衛星利用測位システム（GPS）を使わない。地図とコンパス、実際の地形を見て現在地を把握していく。

3時間半ほどの調査で痕跡は見つからなかった。2週間の調査で確認できたのは背こすりの跡のほか、足跡九つとふん八つだったが、山本さんは「見つかるふんは多くて20個。痕跡がないのを確認するのも重要な意味を持つ」と強調する。

調査開始時のクマ研メンバーで岩手大名誉教授の青井俊樹さん（72）は「この調査で未知なるものに迫る面白さを感じ、研究の道に進んだ学生は多い。一緒に寝泊まりし、語り合うのも人間形成の場。今後も大いに語らってほしい」。（内山岳志）

【2022年9月20日掲載】

〈道新デジタル発〉

ヒグマの「事情」を知る

知床は高密度にヒグマが暮らす世界的にも珍しい半島です。世界自然遺産に登録された2005年当時、中標津支局員として現場を取材した思い出の地です。ここが私にとって、野生動物取材に足を踏み入れた場所でもあります。

さて、今回の記事でみなさんに覚えてほしいことは二つ。「ヒグマは1年で一番、晩夏が腹を空かせている」ということです。秋、川にサケがのぼり、山にドングリなど木の実がみのる直前が最も痩せています。夏を乗り切れるかどうかがヒグマにとって重要なのです。

そのため知床では、山の上まで登ってはハイマツの実を食べ、海まで下りてサケを獲り、なんとか食いつないでいるのが実情です。知床のヒグマがセミの幼虫を食べるようになったのは、「飢えて仕方なくだよ。あれは」と別の研究者が飲み会の席で、私に訴えてきたので、ここに記しておきます。

もう一つの覚えておいてほしいことは、「冬眠明けのクマは腹を空かしてはいない」ということです。腹が空いているから凶暴になるはずだというのは人間側の思い込みです。ただ、春は雪解けとともに芽吹いた山菜を求めてヒグマたちが山を下りてくるため、人間と遭遇する確率が上がり、人身事故も増えがちなのは事実です。

晩夏は高山でハイマツの実 海でサケ――
知床ヒグマ 餌求め行き来

世界自然遺産の知床半島に生息するヒグマが、餌が不足しがちな晩夏から初秋にかけ、標高千メートル前後の高山帯と海岸を行き来し、高山帯に生えるハイマツの実とサケ類を食べて栄養状態を維持していることが、北大大学院獣医学研究院の下鶴倫人准教授（42）の調査で分かった。ハイマツとサケ類の不足が重なった場合、市街地への出没が急増することも判明した。下鶴准教授は「温暖化で知床の生態系が変化すれば、餌を求めて人里に降りるクマがさらに増える可能性がある」と指摘する。

（内山岳志）

調査は、ヒグマが海岸でサケ類を捕食できる環境が残っている知床半島先端部のオホーツク管内斜里町ルシャ地区で実施。下鶴准教授は2012年から18年の7年間で、計約2千個のふんを拾い集め、食べていたものを分析した。

その結果、春から7月ごろまではフキなどの草類を主に食べているが、餌が不足する8月はハイマツの実、9月前半はサケ類が、それぞれ食べた餌の3～5割を占め重要な栄養源となっていることが分かった。9月後半はドングリと果物が8割を占めていた。

北大などによる別の調査では、知床半島を含む斜里町と根室管内羅臼、標津両町には約400頭のヒグマがすんでいることが判明している。今回の調査は、夏場に山と海の両方で餌を確保できる知床ならではの自然環境が、世界的にも珍しい高い密度でのクマの生息を可能にしていることを裏付ける結果となった。

知床半島では12年と15年に、斜里町の市街地などにヒグマが相次いで出没し、例年の2倍の約70頭が捕殺された。今回の調査では、両年のクマのふんにはハイマツの実がほとんど含まれておらず、サケ類も例年に比べて極端に少なかったことも分かった。

下鶴准教授は「ハイマツの実とサケ類の不足が重なった結果、市街地へのヒグマの大量出没が起きた可能性が高い」と分析。ハイマツはヒグマを山にと

知床のヒグマ 餌不足の晩夏は山から海へ

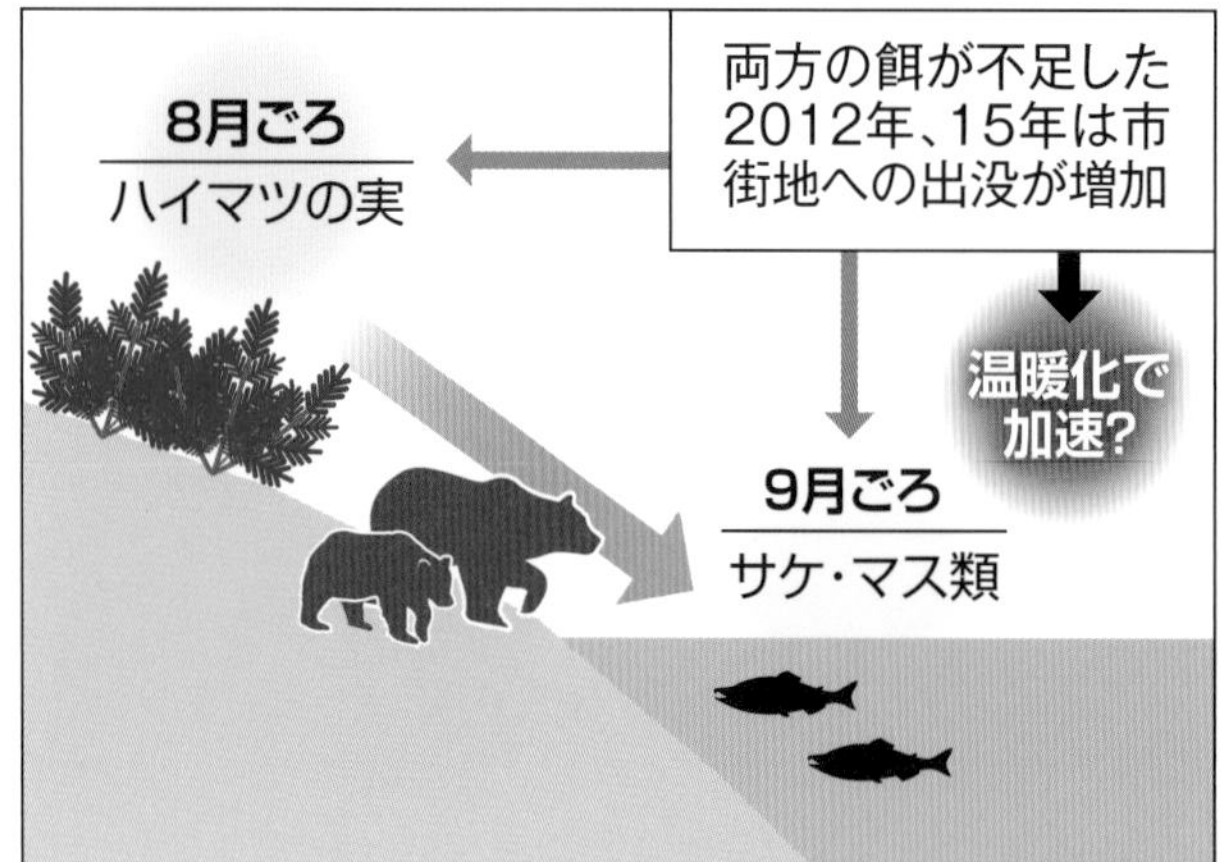

※北大大学院・下鶴准教授の調査を基に作成

ハイマツとサケ類の不足が重なった2012年8月、斜里町ルシャ地区で撮影されたやせ細ったヒグマ。2週間後に餓死したという（下鶴准教授提供）

どめておくためにも重要な存在だとし、「地球温暖化の影響でハイマツやサケ類が減った場合、栄養不足で繁殖できないヒグマが増え、個体群を維持できなくなるかもしれない」と懸念する。

食性変化 セミ幼虫捕食

知床半島のヒグマの食性を巡っては、オホーツク管内斜里町岩尾別地区のカラマツ林で、土を掘り返してセミの幼虫を食べている個体がいることも分かった。北大大学院環境科学院博士課程3年の富田幹次さん（27）がふんの内容物などから調べ、8月にスウェーデンの野生生物学誌電子版に論文を発表した。富田さんによると、ヒグマがセミの幼虫を餌にしていることが確認された例は過去にないという。

富田さんは18年5～7月に岩尾別地区のヒグマのふん60個を採取して内容物を分析。その結果、フキなどの草類が約49％、アリが25％、コエゾゼミ幼虫が14％だった。1980年代に行われた同様の調査ではフキなどの草類が93％を占めており、セミの幼虫はゼロだった。

セミの幼虫を食べるクマの姿は2000年ごろから目撃されるようになり、知床でも岩尾別地区に生息するヒグマにだけ見られる行動という。カラマツの人工林は地表への日当たりが良いため、セミの生息数は天然林に比べ約10倍という。人工林に設置したカメラで、クマが地面を掘って幼虫を食べる様子も撮影した。富田さんは「特に母子グマが土を掘り返していることが多い。この地域で暮らすクマの間で受け継がれている行動なのかもしれない」とみる。

知床半島では、2000年ごろからエゾシカが爆発的に増加した経緯があり、富田さんは「シカが草を食べ尽くしたため、クマの食性が変化し、普通は食べないセミの幼虫を食べるようになった」と推測している。

【2021年11月8日掲載】

「クマの子殺し」道内初確認

母グマ警戒 市街地へ？

北大ヒグマ研究グループ（クマ研）が、幌延町の北大天塩研究林内で、生まれたばかりの子グマを食べたクマのふんを発見した。子どもを産んだ雌の発情を促すため、雄グマが別の雄の子を殺すとされる「クマの子殺し」の証拠と結論付けられた。海外では既に報告されているが、道内で痕跡が見つかったのは初めてという。道内では、市街地近くで雌グマが子育てする事例が確認されており、雄から子グマを守るため、人里に近づいている可能性がある。

（内山岳志）

稚内
北大天塩研究林
幌延
天塩
中川
10キロ
N

ふんは2017年4月に研究林内の問寒別川の支流で発見。食べたのは雄の成獣とみられ、「子殺しの証拠」と結論付けられた論文が16年12月、国際クマ協会の英文誌に掲載された。

見つかったふんには爪9本、乳歯3本が含まれていた。大きい爪でも成獣の半分の長さしかなく、ふんを発見した数カ月前に生まれた幼獣だと分かった。ふんの近くにあった足跡は、前足の横幅が16センチと大型だったことから、雄の成獣が子グマを襲って食べた可能性が高い。

繁殖期に雄が別の雄の子を殺して母親の発情を促す「子殺し」は、ツキノワグマでも確認されている。北半球に広く分布するヒグマの場合、スカンジナビア半島など海外では子殺しの事例が報告されているが、クマ研が文献を調べたところ、北海道に生息するエゾヒグマでは、1918～95年に8例の「共食い」の記録が残っていたが、子殺しの記録はなかったという。

調査メンバーの1人、北大大学院環境科学院の勝島日向子さん（26）は、子グマの死骸が含まれたふんが見つかった時期が繁殖期直前の4月末だったことを踏まえ、繁殖のために子殺しに至った道内初の証拠と結論付けた。

冬眠中のクマを狙う「春グマ駆除」が90年に中止されて以降、個体数が増え、生息密度が上がっている。勝島さんによると、子殺しの例から、子を育てる母グマが雄グマを強く警戒していることが読み取れるという。人への警戒心

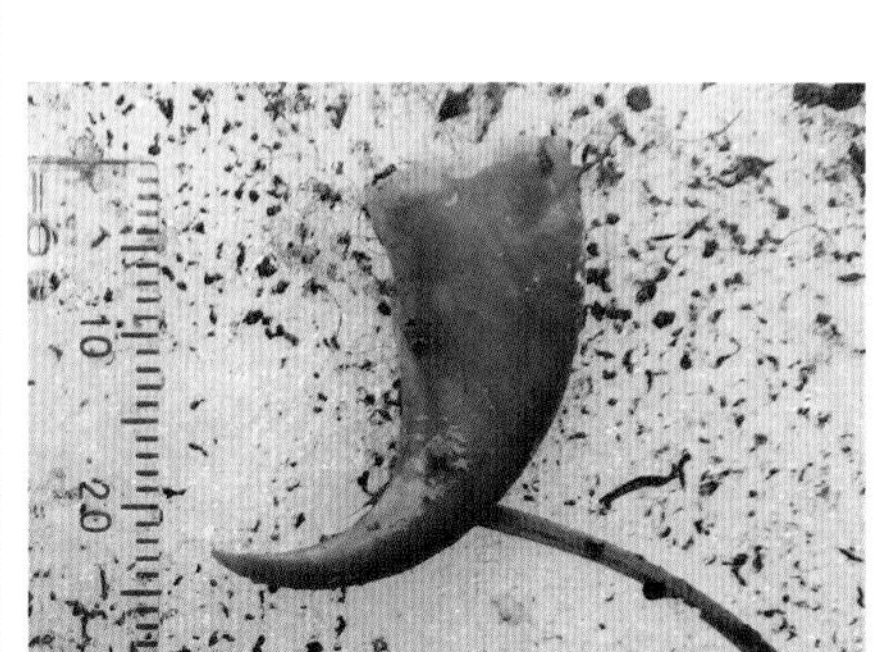

ふんの中から見つかった子グマの爪

が強い大型の雄グマは餌の豊富な山奥を中心に行動し、人里に近づくのを避ける傾向があり、母グマは雄を避けるために人里近くで子育てをしている可能性がある。

その象徴的な例が、２０２２年3月に、札幌市西区の三角山で冬眠穴を調査していたＮＰＯ法人職員2人がクマに襲われ、重軽傷を負ったケースだ。住宅街から５００メートルほどしか離れていない穴で、雌が子グマ2頭を育てていた。札幌市の調査では、同市南区の藻岩山周辺でも少なくとも4頭が生息し、複数頭が子育てをしていることが分かっており、今回の論文の共著者で、クマ研ＯＢの富田幹次・高知大助教は「母グマが人間を盾に雄グマから子を守っている」と説明する。

人里近くで育ったクマは人への警戒心が薄く、市街地周辺への出没を繰り返す側面があり、雄グマによる子殺しは、人慣れしたクマを生み出す遠因となっている可能性もある。世界のクマを研究する北大大学院獣医学研究院の坪田敏男教授は「道内でも、状況的に子殺しが推察されるケースはこれまでもあったが、ふんという直接的な証拠が出たのは初めてで、非常に重要な発見」と評価している。

【2023年2月19日掲載】

北大天塩研究林で見つけたふんの近くにあったクマの足跡（いずれも北大ヒグマ研究グループ提供）

クマ研究に捧げる青春

クマ研の夏の踏査を終えた宿舎での夜。私は夕食を終えた学生たちに「なぜ、貴重な青春をこんな山奥で、ヒグマのふんさがしに費やすのか」と聞いて回っていました。

そこに顔を出していたのがクマ研ＯＧで大学院生の勝島さんでした。「動物好きは人付き合いが苦手な子が多い。ここはそんな学生の貴重な居場所」と話してくれたのが印象的でした。

そしてその冬、勝島さんから「クマ研がヒグマの子殺しの証拠を発見し、論文にまとめたので記事にしてもらえませんか」と取材依頼のメールが来たのです。

クマ類では、繁殖期の雄が子育て中の雌と交尾するために連れ子を殺す「子殺し」が確認されています。しかし道内のヒグマではまだ一度もその証拠は見つかっていませんでした。

今回、子殺しの証拠が見つかった場所は天塩研究林内のヌポロマポロ川。夏に私が踏査に同行したまさにその川でした。不思議な偶然を感じながら、学生による大きな発見を記事にすることができました。

ヒグマを知るための3冊

アーバン・ベア。佐藤さんは、札幌など都市部周辺に暮らすヒグマのことをこう呼び、著書名としました。住宅地近くで何度も目撃されたり、市街地に侵入したりするクマがまさにそれです。佐藤さんは、いつも優しい語り口で取材に応じてくださり、ヒグマに対する読者の理解を助けてくれるありがたい存在です。佐藤さんがこの本でも提唱しているのが「ヒグマに強いまちづくり」。自然災害への備えと同じぐらい、クマへの対策も必要だといいます。何度もヒグマが侵入している札幌市南区の真駒内公園などは、侵入ルートを塞ぐなど一刻も早く侵入させない手立てを取る時期に来ていると感じています。

門崎さんはヒグマ保護派の論客として知られ、山中でヒグマに出会わないようにするためには笛を吹くのが一番で、襲われた際はナタで抵抗すべしと説いています。

小樽出身の久保さんは、道内の熊撃ちハンターのエキスパート。支局時代から何度もご自宅にお邪魔して、馬にも乗せてもらいました。単独で山に入り、何日もクマを追って至近距離から仕留めるその技のすごさは、本からも臨場感とともに伝わってきます。その無骨な風貌からは想像もできない美しい自然描写にも驚かされる一冊です。

『アーバン・ベア となりのヒグマと向き合う』（佐藤喜和）

都市部のクマ 共生探る

「ヒグマを知らない人ほど怖がる傾向にある。道民は身近になったクマについてもっと知るべきです」と話す佐藤教授。

東京大学出版会刊、四六判・276ページ、4400円

大学時代から30年以上、ヒグマを研究してきた佐藤喜和・酪農学園大教授が、市街地へのクマ出没が相次ぐ背景を分析した著書『アーバン・ベア』を出版した。札幌の市街地周辺には約30頭のクマが生息しており、森と住宅地が近接する道内の都市部では今後もクマの出没は繰り返すと指摘。放棄された果樹の伐採や河川敷の草刈りなどクマを寄せ付けない対策も具体的に紹介し、クマとの共生の道を探っている。

本書によると、道内は約1万2千頭のクマと人が高密度に暮らす世界的にも特異な地域で、あつれきが起きやすい状況にある。2014年に始めた札幌の市街地周辺での無人カメラ調査では、毎年約30頭の生息を確認。子連れの雌の成獣と若グマが多く、繁殖も行われていたことが分かった。

市街地に現れるクマの多くは、子育て中の母子が強い雄グマを避けたり、若い雄グマが生まれた場所から分散するクマ本来の行動から起きていると分析。「侵入経路を遮断することで出没を抑止できる」と訴えつつ、侵入してしまった際の情報発信と、人身被害を防ぐため、行政の連携による速やかな駆除の態勢構築が必要だとしている。

道東の農村部で作付けが増えたトウモロコシの食害についても着目。要因として①電気柵など侵入抑制策もなく森林と接する畑に作付けし、食べ放題状態にある②増えたエゾシカがクマの餌となる山間部の草木を食べ尽くした③箱わなで捕獲することで生息の空白地が生まれ、また別のクマが来る――という現状を紹介した。晩夏がピークだった出没が近年早まり「5～6月に牧草を食べに現れる。シカによる山の草木減少は深刻」と指摘している。

【2021年9月27日掲載】

『ヒグマ大全』（門崎允昭）

ヒグマ研究50年 対処法一冊に

半世紀にわたり道内のヒグマを研究し、北海道野生動物研究

所（札幌市厚別区）を主宰する門崎允昭さん（81）が、その生態や出合った時の対処法を紹介する著書『ヒグマ大全』を出版した。近年の市街地での出没事例を数多く収録し、出没した「目的と理由」を知ればヒグマとのトラブルを避ける方策は見いだせるとし、無用な駆除を減らすよう訴えている。

　門崎さんは帯広出身で、帯広畜産大大学院を修了後、北海道開拓記念館の学芸員として1970年からヒグマの調査を始めた。道内の研究者の中では駆除に強く反対する保護派の代表格で、山中での生態の観察などフィールドワークを積極的にこなし、人身事故があれば被害者に取材して対策の検討も進めてきた。

　著書では、クマが住宅地や農地など人里に近づく理由について①母離れをした若グマが自分の生活圏として使える場所を探索するため②道路などで分断された生息地間を移動するため③農作物や果樹、養魚を食べるため——などと分類した。

　その上で①の理由で人里に出没した若グマは「生活できる場所ではないことを悟ると、再び来ることはない」として「静観」を呼び掛けた。また、ヒグマの行動をよく観察すれば頻繁に出没する場所は特定でき、電気柵や有刺鉄線の設置によって侵入は防げると強調し、市街地に出没したクマが人を襲った例は「皆無」だとして、駆除より侵入防止策を優先すべきだと訴えた。

　後書きでは「ヒグマによる人的被害を限りなく小さくすることは可能だ。1頭でも捕殺を少なくしたいというのが私の願いだ」と締めくくった。

【2020年5月29日掲載】

「山中でヒグマに出合うと畏敬の念と身震いするような感動を覚える」と話す門崎さん。
北海道新聞社刊、A5判・272ページ、2420円

73歳の現役猟師がつづる極意

『熊撃ち久保俊治　狩猟教書』（久保俊治）

著書を前に「食べることは動物の命を十二分にいただくこと」と話す久保俊治さん。
山と渓谷社刊、A5判・320ページ。3080円

　半世紀にわたりヒグマなど野生動物の狩猟を続ける根室管内標津町在住の現役猟師、久保俊治さん（73）が、長年の経験で培った猟のノウハウと醍醐味を解説した著書『熊撃ち久保俊治　狩猟教書』を出版した。「徒歩で山に入り、とれた獲物を身近な人に食べてもらう」という古くからの狩猟文化の良さを伝えようと筆を執った。

　久保さんは父親の影響で幼少期から猟に親しみ、20歳で狩猟免許を取得。米国で技術を磨き、単独猟のハンターとして多くのクマやシカを撃ってきた。

　著書は2021年3月に出版。近年、ハンターが害獣駆除の担い手として注目される傾向が強まり、狩猟文化が衰退していると危機感を持ったことから執筆を決めたという。

　著書では、山中に残された動物の食べかすやふん、足跡から獲物に近づく追跡技術に重点を置き、「ふんから食べた物が分かり、好みや次の行動が探れる」などと解説。風向きや天候も読んで、嗅覚に優れたヒグマにも約10メートルまで忍び寄り、急所を1発で仕留めるという熟練の技を紹介した。

　また、撃った動物の解体手順や山中での保管法に加え、調理の仕方も写真やイラストを交えて紹介。「きれいにおいしく食べる感動があったから、命に感謝できる」と狩猟の意義をつづっている。

　たき火の仕方や愛用する狩猟道具の紹介、安全な山菜の採り方など、山に入る際に身につけるべき作法やサバイバル術も盛り込み、銃を持たない人も参考にできる内容とした。

【2021年4月23日掲載】

③ 対策を考える

「言った通りになっただろう？」

道内におけるヒグマの市街地出没の大きな転換点となったのが、2019年8月の札幌市南区藤野地区への雌グマの出没でした。私たちは地名から「フジコ」と名付け、取材を続けましたが、彼女は夜ごと住宅街に現れては家庭菜園の野菜を食べあさりました。

行動は次第に大胆になり、パトカーや大勢の警察官に囲まれても食べるのをやめませんでした。結局彼女は近くの山林で銃駆除されましたが、札幌市民は、市街地にクマが侵入してきた時の対応がいかに難しいかという問題に直面します。麻酔で眠らせることも、脅かして追い払うことも、銃で駆除することも、非常に困難な状況に陥ることがはっきりした一件でした。

そこで私たちは追加取材を始め、11月の連載記事にまとめました。道立総合研究機構の間野勉自然環境部長（当時）の「人の生活圏に入られたら完全な負け」という言葉が状況をズバリ言い当てており、この時、「近い将来、大通公園あたりにヒグマが出る」という予言めいた話もされました。私は「まさかぁ」と信じませんでしたが、2年後の東区への出没時には「ほぼ言った通りになっただろう」と詰められました。

駆除と保護のはざまで

[1] 捕獲、飼育 容易でなく

2019年8月に札幌市南区の住宅街にヒグマが出没し、駆除された一件は、連日の報道で世論の注目を浴び、駆除の是非を巡る議論も改めて巻き起こした。都市部での課題も含め、ヒグマ対策のあり方を検証する。

（内山岳志、津野慶）

2019年8月14日早朝、札幌市南区藤野に住む本紙の「みんなで探る ぶんぶん特報班」の通信員、中島聖子さん（43）は「パンパーン」という甲高い音で目が覚めた。付近の住宅街では8月初旬からヒグマの出没が相次ぎ、市が猟友会の協力で駆除に乗り出していた。外に出ると、家の前の山林の下から「ロープ持って来て」との声が聞こえ、「やっと駆除された」と安堵した。

出没中は「小学4年の娘を1人では外出させられず、家族はみなストレスを感じていた」。ただ、ヒグマに罪があるわけではない。「麻酔で眠らせて施設で保護したり、山に戻したりするなど別な方法はなかったのか」。中島さんは複雑な心境も吐露する。

かつては射殺したクマを横に誇らしげな猟師の写真が新聞紙面を飾ったが、時代は変わり、動物愛護、自然保護などの価値観が定着。市には賛否の声が600件以上寄せられ、6割は「ヒグマがかわいそう」などと反対論だった。本当に駆除以外の方法はなかったのだろうか。

危険伴う麻酔銃

「尻に麻酔の投薬器を撃たれたら、振り返って反撃しようとするクマの方が多い。住宅街で麻酔を使えば突進してくる恐れがあり、現実的ではない」。2006年から根室管内標津町でヒグマの行動を調査してきたNPO法人南知床・ヒグマ情報センターの藤本靖理事長（58）はこう言い切る。

箱わなで捕獲したヒグマに麻酔の吹き矢を撃つ南知床・ヒグマ情報センターのメンバー（同センター提供）

調査ではこれまで、箱わなに掛かったヒグマ約30頭に麻酔を撃ってきた。ただ、眠るまでに掛かる時間は早くて15分、長いと3時間半。住宅街などで自由に動き回るヒグマを相手にした場合、射程2～3メートルの吹き矢は安全な距離を保てるとはいえない。射程50メートルのガス銃でも驚いて暴れだしたり、撃ち手に向かってきたりした場合は「射殺するしかない」（藤本理事長）。

住宅街での使用は現実的ではないのはこのためで、環境省のガイドラインも「効くまで時間がかかり、周辺住民に危害を及ぼす可能性が高まる」として原則、住宅街ではニホンザルにしか使用を認めていない。

19年8月の札幌市南区でのヒグマ駆除を巡り、札幌市に寄せられた市民の抗議や反対の声をまとめると、「麻酔銃で眠らせたり、箱わなを仕掛けたりして捕獲し、山に戻すか、動物園など施設で保護すべきではないか」という内容に集約される。

ただ、標津での調査成果でも分かるように、住宅街で麻酔銃を使うのは危険を伴う。箱わなで捕獲したとしても、山に戻したり、施設で保護したりすることはなく、そのまま射殺するのが通常の流れだ。専門家に尋ねると、保護の難しさが浮かび上がってきた。

群れになじめず

「野生で育ったヒグマを、飼いならされたヒグマの群れの中に入れたら、一斉に襲われ、最悪の場合殺されてしまう」。国内最多のヒグマ75頭を飼う「のぼりべつクマ牧場」（登別）で1988年から飼育に携わる最ベテランの坂元秀行飼育係長（54）はこう指摘する。

ヒグマは本来群れず、成獣となれば森の中では単独で暮らす。「群れで飼うには1歳未満の小さい時から慣らす必要がある」（坂元さん）。そうすることで、閉ざされた牧場内の暮らしやクマ同士の臭いにも慣れ、集団生活が可能になる。それでも最後までなじめず、いじめられたりして一生個室暮らしとなる

のぼりべつクマ牧場で集団生活するヒグマ。保護した野生のクマを群れに加えると、襲われる危険にさらされるという

個体がいるほか、20年ほど前には夜間に集団から襲われ、骨まで食べられた個体もいたという。「群れになじみにくい野生のクマなら間違いなく襲われる」

このため、同牧場で飼育する個体はほぼ全てが牧場生まれ。今年5月に日高管内新ひだか町で保護された生後3～4カ月の子グマを引き取ったのはまれな例だ。

野生のクマを個室で飼う選択肢もなくはないが、「ストレスで体調を崩してしまうでしょう。非常に繊細な生き物なんです。施設に収容することが彼らの幸せになるのでしょうか」と坂元さん。保護したいという市民の思いとは裏腹に、そう容易ではない現実が立ちはだかっている。

[2] 人里に入られたら負け

世界自然遺産知床。世界有数の生息数を誇るヒグマの保護管理に当たる知床財団（オホーツク管内斜里町）のハンターが道路脇の斜面に座ったヒグマにゴム弾を命中させ、森に追い払う動画を見せてもらった。ヒグマはビクンと跳びはね、ものすごい速さで斜面を駆け上がって逃げ去った。

財団はクマを保護する観点から、駆除は必要最小限に抑え、人里に近づく前に森に追い払う対策を積極的に取り入れてきた。

追い払いは、①手をたたく、大声を出す②大きな音を出す火薬玉を投げる③トウガラシ入りの撃退スプレーを噴射する④散弾銃で花火弾を発射する⑤散弾銃で硬質ゴム弾を当て痛みを与える――の5段階で行う。動画を見る限り、最も威力があるゴム弾の効果は絶大だ。

痛さにも慣れる

しかし、そのゴム弾ですら、人里を怖がらせる「教育的効果」が長続きするかというとそう単純ではない。「痛さは一時的でたまたまの出来事と感じるのか、何度追い払っても人里近くに出没してくるクマは少なくない」。財団の葛西真輔保護管理係長（40）はこう指摘する。まして人里にある食べ物の味をしめた「問題グマ」を人里から遠ざけるのは至難の業という。

財団も、人身被害などを避けるため、例年10頭から70頭近くはやむなく駆除する。「出没を繰り返せば、最終的には銃で駆除するしか道はない」（葛西さん）

山に戻しても…

「滋賀県内に放獣したと連絡せず、住民の皆さんにご心配、ご迷惑をおかけしました。あり得ない対応があったことにおわび申し上げたい」。2015年5月29日、三重県の鈴木英敬知

札幌市南区藤野の住宅街を悠然と歩くヒグマ。山への追い払いなどは困難が伴う＝2019年8月10日未明

事は記者会見で平身低頭だった。

　発端は三重県が5月17日、箱わなで捕獲したツキノワグマを無断で滋賀県側に放ったこと。同27日には滋賀県内の女性がクマに襲われ大けがを負い、クマを放った三重県の対応が批判を浴び、謝罪に追い込まれたのだ。最終的には別のクマの仕業と判明したが、県は「放獣は県内の捕獲した市町村内に限る」と対応マニュアルを見直す結果となった。

　19年8月、札幌市南区の住宅街に出没を繰り返したヒグマの駆除を巡っても、市には市民から「眠らせて山に戻すことはできなかったのか」と疑問の声が多数寄せられた。

　だが、近隣の山林に戻せば再び住宅街に出没しかねない。かといって、遠く離れた場所に移せば、三重県と滋賀県のような地域間のトラブルになりかねない。箱わなで捕獲したヒグマもほぼ射殺している。山に戻すのは基本的に研究目的だけで、08年～17年の10年間でも18頭にとどまる。

　南区のクマの場合、家庭菜園のトウモロコシや果樹園のプルーンを味わって「問題グマ」となったあとだっただけに、山に戻しても出没を繰り返すことが予想され、道立総合研究機構環境科学研究センター（札幌）の間野勉自然環境部長も「住宅街や畑など、人の生活圏に一度入られたら完全な負け戦」と指摘し、駆除はやむなしとみる。人の生活圏に入らせない水際作戦をいかに徹底させるか、人とクマの知恵比べが続く。

[3] 発砲許可出ず現場困惑

　8月13日、札幌市南区藤野の住宅街。市の要請でヒグマに猟銃を向けていた道猟友会札幌支部のハンターは立ち会っていた警察官に「よろしいですか」と何度も発砲許可を求めた。だが警察官は「判断できません」と慎重な言葉を繰り返すばかり。ヒグマは結局、翌14日早朝、住宅街近くの山林にいる時に射殺された。

　札幌支部でヒグマ駆除に出るのは熟練の20人。ハンターは「安全に撃てる機会は何度もあった。上から撃ち、貫通しても弾が畑に入るような場所でしか指示は求めていない。市民が襲われてからでは遅い」と警察官の対応に疑問を呈した。

札幌市の要請で南区に出没したヒグマの駆除に出動した猟友会のハンター（左から1、4、5人目）＝8月13日

「切迫ではない」

　鳥獣保護法などは、安全面から住宅街での発砲を厳しく制限する。ただ、住宅街で人がクマに襲われる被害が全国で相次ぎ、警察庁は2012年、人の生命を守るためなら、警察官職務執行法（警職法）に基づき、警察官がハンターに住宅街でのクマ駆除を命じることができるとの通達を出した。

　警職法第4条では、人に危険を及ぼす恐れのある「狂犬や奔馬等」の出現で「特に急を要する場合」、警察官は危険防止の措置を「命じることができる」と定めている。警察庁は通達で、「積極的に推進できるとまでは言えない」と前置きしつつ、住宅街にクマが現れた場合も、この4条を根拠に警察官がハンターに猟銃による駆除を命じることは「行い得る」との解釈を示した。

　道警生活安全部保安課は「命じるのは危険が極めて切迫し、他に方法がない場合」とし、南区では「そういう状況にならなかったか、別の方法があった」と説明する。南区のようにクマが住宅街を歩いている状況では「切迫」しておらず、人に向かってくるなどしない限り命令は困難と判断しているとみられる。

　だが、ハンター側には住宅街にクマがいること自体、「切迫」しているとの認識が根強い。10月23日の道ヒグマ保護管理検討会でも、知床でクマを含む自然環境の保護管理に当たる知床財団（オホーツク管内斜里町）の山中正実事務局長が「警察庁通達があるのに使えないのは極めておかしい。道と道警がきちんと協議し、使える手段にしてほしい」と訴えた。

　12年の通達後、住宅街でツキ

ノワグマ5頭を射殺した京都府は「府警と詳しく手順を確認しあっている」という。

自粛の猟友会も

警察官とハンターの葛藤はこれだけではない。

10月18日、空知管内上砂川町の茂みでうなり声が響いた。「クマだ。近いぞ」。現場を訪れた町職員らに緊張が走った。ただ、町の要請で駆け付けた道猟友会砂川支部の池上治男支部長（70）は手ぶら。4月に猟銃の所持許可を取り消されたためだ。「丸腰じゃ危ない」。みな現場を離れた。

池上さんは18年8月、砂川市に要請され、警察官立ち会いのもと農村部でクマを射殺した。だが砂川署は19年2月、「人家の方向に発砲した」として鳥獣保護法違反などで池上さんを書類送検。起訴猶予になったが、道公安委員会に銃の所持許可を取り消された。

池上さんは「クマの背後に高さ9メートルの斜面があり、安全な駆除だった。違法なら警察官が発砲を制止すればよかった」と取り消しは不当だと訴える。道も「違反は確認できない」と池上さんの狩猟免許を更新し、公安委と対応は分かれた。

池上さんが刑事事件に問われたことは関係者に波紋を広げ、道猟友会新函館支部は今春、「自分たちも所持許可を取り消されかねない」とクマ駆除を当面自粛するよう会員に通知した。

「伝家の宝刀」なのになかなか抜けない――。警察官やハンターはいかに対応すべきか、関係機関がその場しのぎの対応を続ければ、猟銃使用を巡る現場の困惑は解消しそうにない。

[4] 追い払い犬 共存に効果

19年7月中旬、オホーツク管内遠軽町丸瀬布の林道で、大型犬2匹を連れた男性の約50メートル先に300キロはある大型のヒグマが現れた。犬1匹が牙をむいて「ウー」とうなり、クマを脅すかのように飛びかかって尻にかみつくと、クマは一瞬ひるんだかに見えた。さらにもう1匹がうなり続けると、にらみ合うこと数分、クマは身の安全を優先するかのように立ち去っていった。

恐怖心植えつけ

クマに出くわしたのは、クマとの共生を目指す「羆（ひぐま）塾」を同町で主宰する岩井基樹さん（56）と、ヒグマ対策犬「ベアドッグ」として飼われるジャーマンシェパードの2歳の雌「愛」、愛とオオカミ犬から生まれた11カ月の雄「飛龍」。岩井さんは実際にあった光景を振り返り、「子グマだとおびえて木に登り、ふんを漏らすこともある。この犬たちがいないとクマ対策はままならない」と力を込めた。

ベアドッグの任務は、クマが人里に出没する間際の山中でうなり声を上げ、恐怖心を与えて「人に近寄るな」と教え込むこと。人懐っこい姿はクマに出合うと一変し、クマがやぶに隠れても臭いで見つけだす。岩井さんは山林に設置した40台の無人カメラでクマの動きを把握し、犬を送り出しては脅す作業を繰り返す。

東京育ちで北大を卒業した岩井さんは、大自然に憧れて米ア

ヒグマを追い払うために訓練されたベアドッグの「愛」（右）と「飛龍」の兄弟「マゴロー」＝10月11日、遠軽町丸瀬布上武利

ラスカで約20年間過ごした。2000年に丸瀬布に移住し、クマが箱わなで大量に駆除される場面に直面。アラスカでも駆除はあったが、もっとクマと共存していたはずだと疑問を持ち、05年に羆塾を設立し、独自にクマを人里から遠ざける追い払いを模索し始めた。

活動は試行錯誤。「ゴム弾は茂みに隠れられたら使えず、クマも学習してしまった」。たどり着いたのが、かつて暮らしたアラスカで実績を上げつつあったベアドッグだった。

09年に育成し始めた当初は半信半疑だったが、何度もしつこくうなり続ける犬がクマに与える「教育効果」は小さくないと確信。今は子供たち対象の野外活動や山岳レースのトレイルランを行う地元団体に協力し、追い払いを行っている。

資金確保が課題

長野県軽井沢町のNPO法人ピッキオは04年、ツキノワグマ対策のベアドッグを米国から導入。町の委託で2匹が年間延べ約160回出動し、住宅地に近づくクマを追い払っている。ピッキオの田中純平さん（45）は「住宅地へのクマ侵入は、当初の年約40件から1桁に減った」と強調。今年は札幌開建の要請で、札幌市南区の国営滝野すずらん丘陵公園に侵入したヒグマの動向確認にも活用された。

ただ、犬の育成費は追い払いの派遣収入だけでは賄えず、「資金確保が課題」（田中さん）。犬を管理する担い手を育成する必要もあり、札幌市環境局のクマ担当部署も「ベアドッグ導入の予定はない」。犬の効果を認めるクマ専門家も少なくないが、NPOなど担い手が現れるかは微妙だ。

札幌市は住宅街へのクマ出没が予想される地域には電気柵の導入を呼び掛けているが、費用負担のほか、誤作動を防ぐ下草刈りなど日常管理も伴うため、なかなか進まない。人とクマの共存をいかに実現するか――。生息数の増加で今後も住宅街への出没が増えかねない中、新たな知恵や対策も問われている。

【2019年11月5～8日掲載】

「これで駆除なんて…」

全国の野生鳥獣対応に取り組むハンターや行政マンが注目する裁判が札幌高裁で進んでいます。それが砂川市の猟銃裁判です。

銃の所持許可取り消し処分は不当だとして訴えを起こしたのは北海道猟友会砂川支部長の池上治男さん。池上さんは砂川市の要請を受け、集落に連日出没していた子グマ1頭を駆除。その後警察から「家のある方向に撃った」として鳥獣保護管理法違反などの疑いで書類送検され、起訴猶予となりましたが、道公安委員会は猟銃の所持許可を取り消したのです。

駆除が無事に行われた上でのこの処分は、全国のハンターに衝撃を与えました。行政の要請に応じ、警察官も立ち会いの下での駆除だったのでなおさらです。ハンターからすれば「これで摘発されたら駆除なんてやってられないわ」となるのももっともです。

そもそも猟友会は、ハンティングを行う趣味の団体です。そこにクマやシカの駆除を担ってもらっているのが日本の野生鳥獣管理の構図です。市民の生命財産を守るのが警察の使命であるなら、ヒグマの駆除を警察官自ら行ってもいいはずです。ちなみに道警の殉職の第1号は、1880年（明治13年）に、ヒグマと槍で戦って亡くなった現岩内署の若き警察官です。

クマ撃てぬ 道内猟友会
砂川銃許可取り消しで慎重姿勢

２０１８年に砂川市でクマの駆除をした際の発砲が違法だったとして、北海道猟友会のハンターが銃の所持許可を取り消された影響で、道内各地の猟友会が「クマ駆除に銃は極力使わない」と決めるなど慎重姿勢を強めている。人里へのクマ出没が増える中、駆除のあり方が問われている。

（内山岳志）

「また出たか。今行く」

道猟友会砂川支部の池上治男支部長（71）の携帯電話には、クマの目撃情報を受けた砂川市からの出動要請が昼夜問わず入る。池上さんは車に乗って現場に向かうが、銃は持たない。18年のクマ駆除の際、住宅の方向に向けて撃ったことが違法として、道公安委員会から銃所持許可を取り消されたためだ。

20年は人里に近づくクマが多く、現場で危険性を調べては助言するだけだ。池上さんは「このまま銃駆除できないと、人畜被害が起きかねない」と懸念する。

砂川市の民家の玄関先に残っていたヒグマの足跡を調べる池上治男さん。銃は所持していない＝6月18日

「問題あれば摘発も」

市農政課は通常、箱わなを仕掛けて捕獲を試みるが、成功しても銃でとどめを刺す必要がある。同支部が19年夏、道警や市、道と協議した際、道警はとどめの発砲が可能な場所を明確に示さずに「発砲に問題があれば摘発する」と説明した。これに対し、同支部は「それならクマ駆除では撃たない」との方針を決めた。

砂川での銃所持取り消しは波紋を広げ、渡島管内のハンターでつくる道猟友会新函館支部も「駆除では極力撃たない」と決めた。水島隆支部長（67）は「本来の目的である狩猟以外で銃を取り上げられてはかなわない」と理由を明かす。

クマ駆除を巡っては、法規制が足かせとなった例もある。帯広市の住宅街にある小学校で19年12月、クマが現れた際には、異例の手続きで銃駆除が行われた。校舎の木に登っていたのは１３０キロの若グマ。道猟友会帯広支部は危険性が高いと判断し、発砲を決めた。

ただ、住宅街での発砲は原則禁止され、合法的に撃つには警察官職務執行法に基づき、警察官の命令を受けないと撃てない。そのため帯広署長に現場に来てもらい、発砲命令までに4時間かかった後、ようやく駆除できた。同支部の沖慶一郎さん（53）は「クマが動かなかったのは奇跡」と振り返る。

民間人に重い責任

鳥獣保護法では、日没後の夜間発砲はできない。後志管内島牧村では18年、夜間のクマ出没が相次ぎ、ハンターの出動が増えた結果、出動時に支払う報奨金が１３００万円に達した。このため村議会が報奨金の上限を年額２４０万円に下げる条例を制定したところ、猟友会側は駆除に応じないことを決めた。藤沢克村長は「クマへの対応は危険を伴う」として、20年6月にはハンターへの補助金を拡充することなどを村議会に提案したが、否決された。

道立総合研究機構の間野勉専門研究主幹は「国内では適正なクマ駆除を行える法制度になっておらず、ハンターら民間人に駆除の責任を負わせるのは重すぎる。海外のように、自らの判断で発砲できる公務員を育成するなどの体制を整えるべきだ」と話している。

【２０２０年7月8日掲載】

猟銃発砲「不当と言えぬ」

ヒグマ駆除の際、適切に発砲したのに、道公安委員会から違法に猟銃の所持許可を取り消されたとして、北海道猟友会砂川支部長の池上治男さん（72）が道を相手取り、処分の取り消しを求めた行政訴訟の判決で、札幌地裁は2021年12月17日、池上さんの請求を認め、公安委による処分を取り消した。広瀬孝裁判長は当時の状況から、「発射行為が不当だったとはおよそ言えない」と判断した。

訴状などによると、池上さんは2018年8月、砂川市から駆除の要請を受け、同市内の山林でクマに猟銃を発砲。弾が届く恐れのある建物の方向に撃ったとして、鳥獣保護法（銃猟の制限）違反容疑などで書類送検され起訴猶予となったが、公安委は19年4月、同様の理由で猟銃の所持許可を取り消した。

判決理由で広瀬裁判長は、発砲時、クマの背後には高さ約8メートルの斜面があり、建物は「（斜面上方に）屋根の一部が見えるか見えないか程度」だったと認定。審理で争点となっていた、「斜面が弾を遮る安土（バックストップ）と評価できるか」には触れなかった。

その上で、現場付近にいた道警の警察官は、発砲の可能性を認識しながら制止しなかったと指摘。地域住民が駆除の成功を喜んでいることなどにも触れ、仮に発砲を違法と判断する余地があったとしても「処分は社会通念上著しく妥当性を欠き、権限乱用と言わざるを得ない」と述べた。

池上さんは判決後の記者会見で、「このままでは誰もヒグマ駆除ができなくなるとの思いだった。主張が認められたのは多くのハンターにとって朗報だ」と述べた。道公安委の事務を扱う道警は「判決内容を精査し、今後の対応を検討したい」とコメントした。

「クマ駆除 支障取り除いた」

ヒグマ駆除を巡る道公安委員会の猟銃所持許可取り消し処分を違法とした17日の札幌地裁判決は、「建物に弾丸が届く恐れがあった」とする公安委側の主張を、抽象的だと指摘した。具体的な発砲の危険性を示さずに銃を取り上げた公安委の対応が道内のハンターに不信感を与えてきただけに、判決後に札幌市中央区で記者会見した原告代理人の中村憲昭弁護士（札幌）は「駆除への支障を取り除いてくれた」と評価した。

クマが出没した際、市街地では警察官の命令でハンターの発砲が認められるが、住宅が密集していない場所などではハンター自身が発砲の可否を判断する。今回の駆除現場は市街地ではなく、クマの背後の斜面上方に建物の屋根の一部が見える程度。周辺には警察官もいたが発砲を制止せず、原告の池上治男さんが自身の判断で発砲した。

道内のハンターらは「これで摘発されたら駆除ができない」「警察自ら駆除すればいい」と反発していたが、中村弁護士は「道警はこれを機に、猟友会などとの協力体制を整えてほしい」と強調。池上さんは「今後、要請があれば手伝いたい」と述べ、道猟友会砂川支部で自粛していた銃駆除を再開する考えを示した。

銃駆除をためらう動きは既に全道へ波及しており、道猟友会新函館支部（函館）は、クマが出没しても見回りや痕跡調査に

主な論点に関する当事者の主張と地裁の判断

	建物に着弾する恐れがあったか	仮に発砲に危険性があった場合、当時の状況から猟銃所持許可取り消し処分は妥当か
原告	なかった。クマの背後に斜面があり、「バックストップ」と評価できる	妥当ではない。公共目的の有害駆除であり、重すぎる
公安委	あった。クマの背後の斜面は「バックストップ」と評価できない	妥当。建物に着弾する恐れがあり、重大な違反だ
地裁	判断せず	地域住民の不安に応じた市の依頼による駆除だったこと、現場付近にいた警察官が特に制止していないこと、クマの背後は斜面で建物はほぼ見えなかったことなど、一連の事情を考慮すると、取り消しは著しく妥当性を欠く

とどめ、発砲しない対応を続ける。水島隆支部長（68）は「家や建物が近いから出動要請が来る。そんな所で駆除に成功したのに銃を取り上げられるなんて矛盾している」と話し、ハンターだけに発砲の責任が及ぶ現状への改善を求める。

過疎化の進行で野生鳥獣への対応が迫られる中、全国のハンターも今回の裁判を注視。兵庫県でクマなどの捕獲を行う民間業者「野生鳥獣対策連携センター」の坂田宏志社長（53）は「趣味の狩猟は鳥獣保護法で厳しく取り締まるべきだが、同じ法律を害獣駆除に適用すれば社会の要請に応えられない」と指摘。今回のようなケースが続けば駆除の担い手がいなくなると危惧した。

知床財団の山中正実・前事務局長は「ヒグマ対応に当たる現場の側として妥当な判決だ。今回の発砲が違法となれば、全道のハンターが銃によるクマ駆除から手を引く恐れがあり、困るのは住民だ。市街地では警察官職務執行法に基づき警察官がハンターに発砲命令を出すが、今回のような人里周辺でも迅速に同法を適用して発砲の可否を判断し、駆除を後押しするべきだ」と話している。（角田悠馬、内山岳志）【2021年12月18日掲載】

ヒグマ猟期　4月まで延長

26年春、道方針

道内で人を恐れないヒグマの出没が増えていることを受け、道は現在のヒグマの狩猟期間（10月～翌年1月）の期限を2026年に最大で4月15日まで延長する方針を決めた。これに先立ち22年からは若手ハンター育成のために許可している「人材育成捕獲」（3～5月中旬）を一部地域で2月からとし、秋～翌春まで切れ目なく狩猟・捕獲が行えるようにする。道は「ハンターの入山を増やし、クマが人を恐れるようにしたい」（自然環境課）とする。

（内山岳志）

道が10月20日に専門家を招いて開いた「道ヒグマ保護管理検討会」で明らかにした。道内では1966年から冬眠中のクマを狙う「穴狩り」などの「春グマ駆除」が行われてきたが、生息数が激減し、90年に廃止された。残雪期の狩猟期間の延長は30年間続いてきた保護政策の大きな転換となる。

道は、ヒグマの出没数が近年増加したのは、春グマ駆除の廃止などで人への警戒感が薄いクマが増えたことが背景にあると分析。狩猟・捕獲期間の拡大がヒグマの個体数減少につながるかは見通せないが「クマが人里に近づきにくくなる『追い払い効果』を高めたい」（自然環境課）という。

人材育成捕獲の期間の前倒しは、ヒグマ対策の先進地の渡島半島地域から試験的にスタート。22年は渡島、檜山両管内と後志管内寿都町、黒松内町、島牧村が対象で、これまで禁止してきた親子連れのクマの捕獲も認める。25年からは道東でも同様の措置を導入する方針。

駆除　過去5年で最少

今秋も道内でヒグマの出没は相次ぐが、4～8月の駆除件数は過去5年で最少の242頭にとどまり、目撃件数も前年を下回った。件数が減ったことについて、道は新型コロナウイルスの感染拡大の影響で、ハンターや市民が外出を控えた結果とみており「ヒグマの生息数が減ったわけではない」と注意を呼びかける。

道によると、駆除件数（4～8月）は18年は550頭、19年は542頭で、今年は半分以下。道警に寄せられた足跡やふんを含むクマの目撃情報（1～8月）は1379件で、前年同期より94件少ない。

道内では近年、ヒグマの生息数は増加傾向で、人里に出没するケースが相次ぐ。20年も7月には砂川市で体重270キロの雄1頭が養鶏場の小屋を荒らして駆除され、その後も別のクマが出没。10月11日にも後志管内積丹町の農家の倉庫にクマが侵入し、トウモロコシ約300本が食べられた。

道自然環境課は、20年4～8月の道内の駆除、目撃件数が少ない理由について「コロナ禍で狩猟や山菜採りの人が減り、人がクマと遭遇する機会が減った」と分析する。道内の狩猟免許所持者の約4割は60歳以上。新型コロナで重篤化しやすい高齢者が多く、北海道猟友会帯広支部は「家族から外出しないよう強く求められた高齢のハンターは多い」と明かす。

また18年には、砂川市の要請でクマを駆除したハンターが、住宅の方向に向けた銃を撃ったことが違法として書類送検され、猟銃所持の許可を取り消された。猟友会の幹部は「駆除を頼まれても慎重にならざるを得ない」と話す。こうした意識も駆除件数の減少につながっているとみられる。

【2020年10月21日掲載】

道内のヒグマの狩猟・捕獲期間と今後の方針

	10月	11月	12月	1月	2月	3月	4月	5月中旬
現状	狩猟期間					人材育成捕獲（許可制）		
	狩猟免許があれば、道外のハンターも出猟ができる。狩猟頭数の制限などはなし					市町村などが道の許可を得て、害獣駆除を担う若手ハンター育成を目的に実施。地域ごとに捕獲数の上限を設定。「親子グマ」の捕獲は禁止		
2021～22年	狩猟期間				渡島半島限定で期間を２月に前倒し。親子グマの捕獲も許可			
24～25年	狩猟期間				渡島半島に加え、道東でも			
25～26年	狩猟期間を最大４月15日まで延長							未定

市街地　撃てぬハンター

道が2021年、ヒグマ対策に関して道内全市町村に行った意見照会で、15市町が、市街地に出没したクマを迅速に駆除するため警察の役割を明確にするよう求めたことが分かった。市街地でハンターが猟銃を使うには警察官職務執行法（警職法）に基づく警察官の「命令」が必要だが、道警は慎重だ。意見照会では、相次ぐ市街地への出没に悩む自治体が警職法の積極適用を訴え、道にも道警との連携強化を求めている実態が浮き彫りとなった。

（伊藤友佳子、内山岳志）

意見照会は21年10月と12月、今春のヒグマ管理計画（第2期、22～26年度）の策定に向け行い、30市町村が文書で回答した。北海道新聞の情報公開請求に対して道が開示した。

鳥獣保護法は、市街地で有害獣を猟銃で駆除することを禁じている。一方、警職法は人の安全を確保するため警察官が緊急避難の措置を自らとるか、他者に命じることを認めており、警察庁は「命令があれば、ハンターは市街地でもクマを駆除できる」としている。同庁によると、18年の適用例は長野県が9件、福井県は7件で、北海道は1件だった。

意見照会では、江別市と日高管内えりも町が、警職法適用が市街地に出没したヒグマを駆除する「唯一の手段」だとし、複数の自治体が、ヒグマ管理計画に警職法に基づく駆除を明記するよう求めた。

【道警】猟銃発砲命令に慎重
【自治体】道に対応改善求める

警職法適用が少ない現状には「警察は警職法を適用した対応について協議しようとしない」（砂川市）、「なかなか発砲許可がでない現状ではハンターに出動を断られる」（十勝管内大樹町）と道警に対応改善を求める指摘が相次いだ。

道にも、警職法適用について道警と協議し、適用基準をまとめるべきだとの要望が目立ち、適用がごくわずかなため捕獲機会が失われているとして特例措置の創設を求める自治体もあった。

道は22年1月、警職法の適用基準を明確にし、現場の警察官へ周知するよう求める要望書を警察庁に初めて提出した。だが、3月に策定した新たなヒグマ管理計画では、警察の具体的な役割に触れず、「鳥獣保護法に基づき策定する計画だ」として警職法に基づく駆除は明記しなかった。

道ヒグマ対策室は取材に「市街地対策が難しい状況は把握している。改善に向け取り組みたい」と答えたが、道警は警職法適用について「最終手段で、クマが市街地をうろうろしているだけですぐに適用するのは難しい」と慎重姿勢を崩していない。

酪農学園大の佐藤喜和教授は「警職法適用例を増やすには、警察と自治体、ハンターが具体的にどういう場所なら発砲できるかなど事前に協議し、訓練することが必要だ」と、関係者間の連携を促している。

出没増 マチ危機感
「公務員ハンター」要望も

市街地出没時の警察の役割の明確化を求める声が相次いだのは、有効な対策を見いだせない現状を放置すれば人身被害が出かねないという自治体の危機感の表れだ。生息数増加に伴い市街地への出没は増えており、人里での被害の有無にかかわらず残雪期に奥山に入ってヒグマを撃つ「春グマ駆除」を再開し、専門技術を持ったハンターを道や道警に配置してほしいとの声も目立った。

「市街地で人命を守るのは警察本来の職務だが、そうなっていない。ヒグマの生態を無視した対症療法的な対応ばかりだ」。砂川市は道の意見照会に、ヒグマ駆除を巡る道警の対応に不信感をあらわにした。

意見照会では、クマの市街地への出没を抑えるには個体数調整も不可欠だとの指摘も相次いだ。紋別市は「人の生活圏への侵入が急増し、住民や職員は疲弊している」と春グマ駆除の再開を訴え、上川管内下川町も「これ以上生息数が増えると人身事故の可能性が高くなる」と危機感を示した。

道内のハンターは約1万2千人で微増傾向だが、クマより大きな農業被害をもたらすシカ対策などで狩猟免許を取る人が多いとされる。危険を伴うクマ駆除を担えるのは主に春グマ駆除を経験した高齢の熟練者で、こうしたハンターが一人もいない市町村もある。

江別市など4市町は「市町村はどこもハンターが高齢化し、人員を確保できない」とし、専門的な技術を持った道職員自らが駆除を担う「ガバメントハンター」の配置を求めた。警察に駆除担当部署を設けてほしいとの意見もあった。

道立総合研究機構の間野勉専門研究員は、人里近くに出没したクマの駆除は公的な業務で、民間ハンターに任せるのは限界だと指摘し、「夜間や住宅地でも安全に駆除できる技術と権限を持った公務員ハンターの育成は急務だ」と話した。

【2022年6月6日掲載】

ヒグマ管理計画の策定に関連し、市街地対策で警察の役割強化を求めた自治体の主な意見

自治体	意見
旭川市	警察は市街地で発砲命令を下せる最も重要な機関。役割を明記すべきだ
江別市	警職法による対応を明確にしないのは市街地出没への対応を軽視することだ
砂川市	市街地で人命を守るのは警察本来の職務だ。警職法適用も含めて警察と合意形成してほしい
紋別市	警職法による駆除はごくわずかで、捕獲機会を失っている。特別措置を検討して
渡島管内八雲町	自治体と警察官で有害性の判断に差異があり、初動が遅れる。道警と調整してほしい
釧路管内標茶町	警職法に基づく警察官の役割と責任を明記し、ハンターが安心して捕獲できる体制づくりが必要だ
十勝管内大樹町	警察から発砲許可が出なければハンターに出動を断られることも考えられる
日高管内えりも町	現場の警察官は本署へ確認しないと警職法の対応ができない。具体的な判断基準を示してほしい
檜山管内上ノ国町	住宅近くの発砲は警察が担当部署を設けて対応してほしい

生徒となった中堅ハンターに猟銃の撃ち方を指導する黒渕さん（右）

熟練の技 後進に伝承
標津で人材育成捕獲

熟練ハンターが後進にヒグマ捕獲の技術を伝える道の認可事業「人材育成捕獲」が毎年2～5月、全道各地で行われている。ヒグマの生息数増加に伴い、人や家畜が襲われる被害が相次ぐが、熟練ハンターは高齢化で年々減少し、技術伝承は急務だ。4月中旬、根室管内標津町で行われた人材育成捕獲に同行し、残雪が残る山林でハンターがヒグマを追い込む現場を見た。（小野田伝治郎）

標津町での育成捕獲には13人が参加した。近隣自治体からクマの駆除や生態調査を受託する同町のNPO法人南知床・ヒグマ情報センターの黒渕澄夫事務局長（73）や地元猟友会員ら8人が先生に、町農林課自然保護専門員長田雅裕さん（42）ら近隣の中堅ハンター5人が生徒となった。

捕獲現場は役場から車で1時間。前日の下見でクマの足跡を確認済みで、伝統的な「巻き狩り」を採用した。足跡を頼りにクマを特定の場所に追い込む「勢子（せこ）」と、クマを待ち受けて仕留める「待ち」に分かれて挟み撃ちにする猟法だ。

惑わせる「止め足」

車で移動し、勢子4人と待ち9人は午前11時ごろ、それぞれの現場に到着。記者が同行した待ちを率いる黒渕さんは「巻き狩りは単独での狩猟と違い、横にも人がいる。クマに夢中になって銃口を横に向けないように」と注意を促した。待ちは約70メートル間隔で横一列に並ぶ。クマを警戒させないため、指示がない限り持ち場から動くのはご法度だ。

「足跡に乗った」。持ち場に着いて間もなく、約2キロ先から移動し始めた勢子がクマの新しい足跡を見つけ、追跡を始めたと無線連絡してきた。山林を縦横に動き、1度付けた足跡の上を再び歩くなどして外敵を惑わせようとする「止め足」まで使っているという。

勢子がじわりとクマを追い詰めること1時間余り、待ちの最右翼の方から「パーン、パーン」と銃声が響き、直後に「外した」と無線が流れた。15分後、やや遠くで再び2発の銃声が響き、勢子の長田さんが無線で「仕留めた」と叫んだ。勢子の方に引き返してきたクマを見つけ、約70メートル先から1発目を前胸部、2発目を首に命中させたという。体重51・5キロ、体長130センチの小型の雌だった。

勢子が待ちの方に追い込んだクマの足跡

道内では1966～90年、人里での被害の有無にかかわらず、残雪期に奥山に入ってクマを撃つ「春グマ駆除」が行われた。絶滅寸前までクマが減って廃止されたが、再び生息数が増えた今、道猟友会中標津支部の佐々木俊三支部長（76）は「春グマ駆除の廃止で、後輩が先輩について学ぶ機会が激減した」と指摘する。

経験者不在の懸念

同支部所管の根室管内中標津、標津、羅臼の3町で駆除を担えるのは、春グマ駆除経験のある60、70代の高齢者ばかり15人程度といい、各町では「10年後には経験者が現場に出られなくなる」と懸念が広がる。

　この状況を改善しようと、道が2005年度に始めたのが人材育成捕獲だ。ヒグマの狩猟期と重ならない2～5月に特別に捕獲を認めている。例年20～30市町村で行われ、参加者は合計200人台。16～21年の実績では毎年20～29市町村が参加し、捕獲頭数は計5～12頭で推移している。

　近隣自治体で連携して参加する動きも広がり、標津町でクマ対策を担う長田さんは「クマは広範囲に移動する。ハンターも広域対応が必要。各自治体が連携すればハンターの信頼構築にもつながる」と育成捕獲の意義を強調している。

【2022年5月15日掲載】

「人材育成捕獲」拡充へ

　道は23年、「人材育成捕獲」を拡充し、捕獲頭数の上積みを目指す。現在は市町村単位で出している人材育成捕獲の許可について、ヒグマが広域で移動する実態も踏まえ、複数の市町村の広域実施でも許可するよう改める。これにより実施自治体数や参加者数、捕獲頭数を増やすことを目指す。道ヒグマ対策室は「冬眠明けのクマに人への警戒感を植え付ければ、人里に出没しにくくなる」とし、許可期間を前後に延ばすことも検討する。

　有識者会議のこれまでの議論では、生息数増加を踏まえ、狩猟期を春まで延ばすべきだとの意見が出た。一方、狩猟だと捕獲頭数に歯止めがきかず、「春グマ駆除」のように生息数の激減につながるとの慎重論も根強い。

　このため、道は当面、捕獲頭数を管理できる人材育成捕獲を拡充することで対応し、この成果を数年程度見定めながら、狩猟期間延長の是非も検討する。

（伊藤友佳子）

【2022年11月8日掲載】

親子グマ捕獲、「穴狩り」23年から

　専門家でつくる道のヒグマ捕獲のあり方検討部会は11月22日、「人材育成捕獲」を拡充し、これまで規制してきた親子連れの捕獲や冬眠中に捕獲する「穴狩り」を解禁する方針をまとめた。冬眠明けのクマに人への警戒感を植え付ける狙い。上部組織の道ヒグマ保護管理検討会で年内にも正式決定し、23年から実施する。

　規制を設けずに奨励した残雪期の「春グマ駆除」で生息数が激減したことを踏まえ、雌グマについては捕獲上限を定めてとり過ぎないよう管理する。また、穴狩りは人里周辺で行うとした。

　一方、狩猟期（10月～1月31日）の延長については、土地に不慣れな道外ハンターによる事故の懸念や管理が難しいことから、引き続き検討するとした。

　入林できる国有林や道有林の拡大に向けては、道が今後、所有者と協議する。

　部会長の梶光一東京農工大名誉教授は「ヒグマ管理の手法を変える時期にあり、今回の方針転換は貴重な一歩になる」と話した。

（伊藤友佳子、内山岳志）

【2022年11月23日掲載】

冬眠から目覚め、雪解けの山中を歩くヒグマの親子

〈道新デジタル発〉

他の動物に餌をやるのは人間だけ

2022年4月から、国立公園内で野生動物への餌やりに罰金が科せられるようになりました。特にヒグマは、人の食べ物に執着し、繰り返し欲しがる習性があります。日高山脈での福岡大ワンゲル部員の事故（P67）がまさにそう。登山者の捨てた生ごみで味を覚えた可能性があります。

罰則規定が抑止力になっているのか、まだ全国でも摘発された人はいません。そもそも、なぜ人は動物に餌をやりたくなるのでしょうか。動物の生態に詳しいエンヴィジョン環境保全事務所（札幌市）の長谷川理さんは「多くの動物では自分の子にだけ向ける行為なのに対し、人間は他の種にも与えるようになり、それが家畜化の起源となった」と説明してくれました。

ペットに食べ物を与え、喜んで食べてくれるとうれしく感じることからも分かるように、人の本能的な欲求ともいえます。しかし、野生動物に餌を与えることは、動物本来の行動を変えることです。リスやキツネが餌欲しさに人間に近寄って来たとしたらどうでしょうか。ましてそれがヒグマだったら…と考えると、いかに恐ろしいことかが分かります。

餌やり罰金 期待と懸念

――国立・国定公園

政府は国立公園と国定公園の一部でヒグマなどの野生動物に餌を与えることを禁じ、30万円以下の罰金を科す自然公園法改正案を国会に提出した。2022年春の施行を目指す。道内では世界自然遺産の知床を訪れる観光客がヒグマに餌やりをして問題となっており、関係者は「抑止力につながる」と期待を寄せる。ただ、広大な公園を監視するには限界があり、「実効性を保てるのか」との懸念もある。

（小野田伝治郎、内山岳志）

罰金の対象となるのは、国立・国定公園のうち、①絶滅危惧種の鳥獣などが生息する「特別地域」②干潟や海鳥が生息する「海域公園地区」③宿泊施設などがある「集団施設地区」。

改正案では、ヒグマ、キツネなどの哺乳類やオジロワシ、シマフクロウなどの鳥類に餌を与えることを禁止する。公園を管理する国や都道府県の職員の指示に従わない場合、警察に通報するなどして摘発し、罰金を科す。

環境省国立公園課は罰金導入の狙いについて、「餌付けされた野生動物が人に慣れ、市街地

に出没したり、人を襲ったりする事故を防ぎたい」とする。道外ではサルやイノシシに餌をやったことで、人に襲いかかる例が起きている。

道内では知床や阿寒摩周、大雪山など六つの国立公園と、網走、大沼など五つの国定公園が対象となる。知床で野生動物の保護管理や調査研究を行う知床財団（オホーツク管内斜里町）の石名坂豪保護管理部長は、罰金導入を「観光客に餌やりをやめさせる法的根拠になる」と評価する。

環境省によると、知床国立公園付近の市街地にヒグマが出没したケースは20年度までの4年間で計３５５回に上り、観光客の餌やりが一因とみられる。石名坂部長は「人の食べ物の味を覚えたヒグマは、人や市街地への接近を繰り返す。罰金導入により、餌やりは禁止行為という認識が広がってほしい」と話す。

ヒグマに餌を与える行為に関し、道は15年から道生物多様性保全条例で禁じている。道職員の勧告に従わない場合、氏名を公表できるようにしたが、一度も行っていない。知床財団も観光客がヒグマに食料を投げ与える場面に遭遇しても、注意する以外に手だてがなかった。

一方、知床羅臼ガイド協会（根室管内羅臼町）の湊謙一会長は、罰金導入に理解を示しつつ、摘発の難しさを指摘する。ごみのポイ捨てが根絶されていない現状を踏まえ、「広い公園内で餌やり行為を現認できるとは思えない。国や道は、知床を訪れる人たちへの禁止行為の周知を徹底してほしい」と訴えている。

【２０２１年３月24日掲載】

「ひぐまっぷ」導入広がる

道内38市町村　ネット地図に出没情報

インターネットの地図上でヒグマの出没状況を把握できる「ひぐまっぷ」の利用が道内自治体に広がっている。民間企業がシステムを開発し、２０１７年に20市町村が運用を開始、22年7月時点で38市町村が導入している。各自治体が入力した出没情報を共有する仕組みで、導入した自治体の多くが情報を公開しており、住民も見ることができる。今後も導入する自治体が増えていけば、市町村をまたいだ広域のヒグマ出没情報の把握に役立ちそうだ。

ひぐまっぷは大阪市のＩＴ企業「ダッピスタジオ」が道立総合研究機構（道総研）の協力を得て開発した。自治体の担当者が出没場所や日付などを入力すると地図上に表示され、住民は各自治体のホームページ（ＨＰ）などで確認できる。情報は道とも共有されるため、道への電話連絡の手間も省けるという。負担額は年間2万5千～3万円。

4月以降、新たに4自治体が導入するなど、徐々に広がるひぐまっぷ。ヒグマの道内の推定生息数は20年度で1万１７００頭と、１９９０年度の５２００頭から倍増。生息域も広がっており、ヒグマの広域での出没情報の把握が各自治体の課題になっていることが導入の背景にあるとみられる。同社は「市街地での目撃情報も増えており、どこにクマが出没しているのか知りたい住民が増えているのでは」とみる。

ひぐまっぷを22年に導入した旭川市では、市内での目撃情報が21年度で92件に上っていた。これまでは情報をまとめた地図の画像を市のＨＰで独自に公表していたが、ひぐまっぷにより「導入している周辺町村の出没状況を把握でき、広域的に効果的な対策が可能になる」（環境総務課）と期待する。

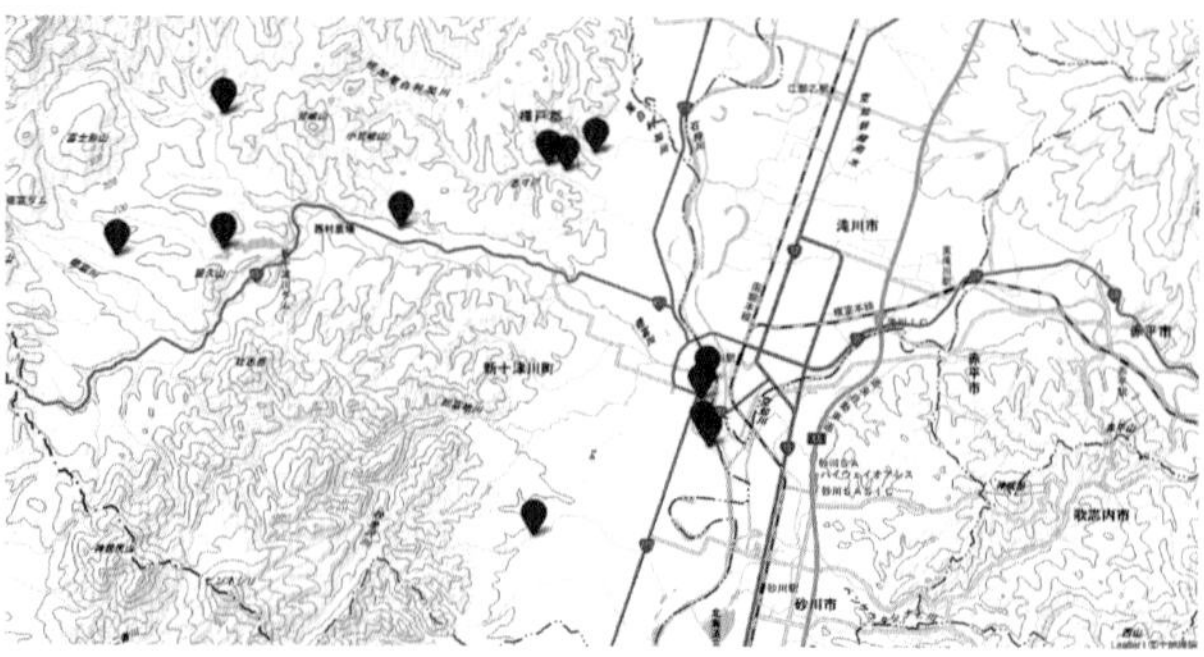

空知管内新十津川町の「ひぐまっぷ」の画面。石狩川沿いに目撃情報のマークが記されている

2019年に導入した空知管内新十津川町は22年6月、町中心部で目撃情報が多発し、道がヒグマ注意報を発令した。町内にあるキャンプ場を訪れた利用者からヒグマ出没の問い合わせがあった際、ひぐまっぷを紹介することで簡単に情報を伝えることもできたという。

ただ、ヒグマは市町村の境界を越境して移動するため、出没情報を充実させるにはできるだけ多くの市町村の情報が必要になる。札幌市は16年度から、グーグルマップを使った独自のシステムを活用。担当者は「足跡の目撃なら足跡、親子の目撃なら2頭のクマなど、状況に応じて地図の印の変更ができる」とし、当面は独自のシステムを使い続ける予定だ。

ひぐまっぷは現在、足跡や個体など出没を示すマークが1種類に限られており、運営するダッピスタジオの川人隆央代表社員は「さらにシステムの改善を続け、多くの自治体に利用してもらえるようにしたい」と話す。

（伊藤友佳子）

【2022年7月21日掲載】

情報の悪用に注意

地図にヒグマの目撃や痕跡の情報を載せたGIS技術を生かしたものです。2017年に道南から導入が始まり、23年7月時点で52自治体で使われています。これを使えば自宅周辺や訪問先の出没状況を確認することができます。「ここは最近クマが出てるから、散歩やジョギングの時間や場所を変えよう」なんて対応もとれます。

クマにとっては自治体の境界なんて関係ありません。広域で情報を共有する取り組みは当然ともいえます。こうした情報を生かしてヒグマに遭わないようにする努力は、これからもっと必要になるでしょう。

ただこうした情報を悪用して、「ヒグマを撮影する」「面白半分で見に行く」という人が増える懸念もあります。餌を置いておびき寄せたりするかもしれません。今春には、動画の撮影者が札幌市内の林の中に残した食べ物をヒグマが食べてしまう様子が公開され、議論を呼びました。故意であろうと偶然であろうと、それは近隣に暮らす人々の命を危険にさらす行為だということを肝に銘じてほしいです。

生息域、人の生活圏4区分に

緩衝地帯設定 すみ分け

札幌市は2022年7月25日の「さっぽろヒグマ基本計画」改定検討委員会で、ヒグマの生息域と人の生活圏を示す市内の「ゾーニングマップ」を、現行の3区分から4区分に変更する案を示した。市街地と生息域の境界に緩衝地帯を設定し、クマと人のすみ分けをより明確化したい考え。

（岩崎志帆）

現行のゾーニングは①ヒグマの侵入を原則排除する「市街地ゾーン」②出没する可能性があり、防除を徹底する「市街地周辺ゾーン」③ヒグマの生息域で、人に危害を加える問題個体については対応する「森林ゾーン」――の3区分。

札幌市内は南区や中央区など「市街地」と「森林」が接している地域が多く、ヒグマの目撃や負傷事故が増えつつある。このため市は「市街地」の外側約500メートルを「都市近郊林ゾーン」として緩衝地帯として位置付ける考え。同じ個体が複数回出没する際は追い払いなど防除に努めるが、行動が改善しない場合は捕獲も検討する。

また「奥山ゾーン」では原則、従来の「森林」と同様の対応を取るが、具体的には今後詰める。

検討委では出席した専門家から「緩衝地帯の範囲は市街地の外側500メートルに限定せず、幅を持たせた方が良いのではないか」などの意見も出た。市は意見を踏まえ、検討を続ける。

委員会では「ヒグマ防除重点地区（仮称）」を新設し、三角山から藻岩山までのエリアを指定する案も示された。この一帯について、専門家から「少なくとも4頭が生息し、3頭は繁殖活動を行っている可能性がある。クマの生息密度の抑制を検討する必要がある」との指摘もあった。基本計画は23年3月に改定し、23年度から運用する。【2022年7月26日掲載】

札幌市が示した新たなヒグマのゾーニング案

ゾーン（対象）	考え方	ヒグマに対する基本方針
市街地（市街地、住宅地）	・人間の安全が最優先 ・ヒグマの侵入、定着を許容できない	・基本的に排除すべき ※排除は即駆除ではなく、駆除、追い払いその他取り得る対応
市街地周辺（小規模集落、農地など）	・ヒグマの侵入、定着を許容できない	・基本的に防除を徹底する ・人馴れ、食害、定着は避けたい ・人間への反応次第で駆除を含めた対応を取り得る
都市近郊林（市街地に接している森林）	・ヒグマの定着を許容できない	・人馴れ、食害、定着は避けたい ・人間への反応次第で駆除を含めた対応を取り得る
奥山（ヒグマの生息域）	・ヒグマの生息を担保する	・人間に積極的に危害を加えるなど、危険度が高い問題個体については対応し得る

個体識別にAI駆使

山間部にカメラ　調査迅速化

道は、ヒグマの個体識別に人工知能（AI）を活用する取り組みを本格化させている。カメラで撮影したクマをAIに学習させて1頭1頭を識別することを目指し、人里への出没を繰り返す問題グマの特定や地域の生息数把握の迅速化につなげたい考え。札幌市も2022年8月17日、AIでクマの画像のみを送るカメラを設置しており、新たな技術の導入が広がりつつある。

（伊藤友佳子）

道の新たな手法では、山間部などに設置したカメラの画像をAIで分析、ソフト制作会社のサンクレエ（札幌）に19～21年度に委託し、既にクマやキツネ、タヌキなどの画像計4千枚をAIに学習させ、クマと判別できる率を約70％まで高めた。

22年度はさらに、個体を識別できるようにするため、顔の目鼻の距離や体格などをAIに学習させる。AI導入には、人里への出没が相次ぐ中、調査を迅速化することで、対策の素早い実施や担い手不足を解消する狙

なぜ人里近くで子育て？

道や札幌市のヒグマ管理計画では、人の生活圏とクマの生息域を四つの区分に分けて考える取り組みを始めています。

奥山はクマの生息地として保護する一方、人里近くの森は市街地侵入の恐れがあるため、積極的に追い払ったり、駆除したりしてクマを居つかせないのが目的です。一度住宅街に出没されると、銃が使えず対応が困難になるので、それを未然に防ぐ狙いもあります。

札幌市では藻岩山周辺を重点地域に指定し、クマを居つかせない対策に乗り出すことになりました。ここでは10頭以上が暮らしているとみられ、複数の雌グマが子育てをしていることが分かっています。

ここで生まれ育った子グマたちは、成長したら奥山に帰っていくでしょうか？　特に雌は、生まれた場所からあまり離れずに暮らすため、藻岩山周辺を「実家」とする雌たちは着々と増えています。一方、繁殖期の雄は、交尾するために雌の連れ子を殺して食べてしまうことが北大クマ研の調査で初めて確認されました。子育て中の母グマにとって、恐ろしいのは人間ではなく雄グマなのです。そのため、母グマは雄グマの近寄りにくい人里近くで子育てをしているのです。

人里近くで繁殖する行動を、海外では「ヒューマン・シールド」（人間の盾）と呼びます。母グマも子グマたちを守るために必死に知恵を絞っていると思うと、なんだか複雑な気持ちになります。

いがある。

道などによると、現在の調査は山間部などに有刺鉄線を設置、自治体担当者が設置場所まで週1回程度出向いて鉄線に引っかかった体毛を回収、専門機関にDNA鑑定を依頼している。結果が出るまで1年以上かかる場合もある。

AIの本格導入後は体毛回収は必要なくなり、1シーズン分の映像があれば1週間程度で結果が分かる見通し。個体を識別できれば、1頭ごとの行動把握や効果的な対策検討がしやすくなり、地域の生息数を把握する時間も短縮される。担当者はカメラの点検に出向くだけで済むため、負担減にもつながる。

札幌市は、クマかどうかを識別できるAIを搭載した監視カメラ3台を北区の茨戸川緑地などに設置した。道はさらに難しい個体識別を目指しており、22年度内に体毛を採取する調査との精度を比較し、23年度以降、全道的な導入を検討する。道ヒグマ対策室は「道内各地で対策の担い手不足が課題になっており、情報通信技術（ICT）の活用で効率的な個体数の把握に努めたい」と話している。

【2022年8月19日掲載】

道によるヒグマの生息数の調査方法

従来の方法	新しい方法
有刺鉄線を設置	カメラを設置
↓	↓
有刺鉄線に引っかかった体毛を週に1回程度、回収	1シーズン分の撮影した映像を回収
↓	↓
専門家がDNA鑑定で分析、個体を識別	AIで特徴を分析、個体を識別
↓	↓
生息数を把握、具体的な対策へ	生息数を把握、具体的な対策へ

ヒグマの発見技術を検証した道の事業で、2021年秋に後志管内島牧村でドローン撮影されたヒグマ（道ヒグマ対策室提供）

続くクマとの知恵比べ

クマと人との軋轢（あつれき）が増す中、新たな技術で対抗する動きが活発化しています。人工知能による画像認識でクマかシカかを識別したり、クマの特徴から個体識別するのにも活用されています。

朱鞠内湖での事故では、上空からクマの存在を確認したり、被害者を捜索したりするのにドローンが活用されました。安全な調査や分析のために使えるものはどんどん活用していってほしいものです。

被害防止の分野では、クマの嫌がる低周波の音を出したり、光や音声で追い払う装置も開発されています。しかし、学習能力の高いヒグマは次第に慣れてしまい、忌避効果が下がるという課題があります。ワナを使った猟も、続けることで学習が進み、ワナにかからない個体を生み出しているという負の側面を必ず持っています。野生動物対策の難しさはここにあります。クマを寄せ付けない対策の決定打は今のところなく、人とクマとの知恵比べはまだまだ続きそうです。

電気柵　設置簡単で採用急増

公園や道の駅にも

ヒグマによる人身事故対策として、道内で道の駅や公園などに電気柵を設ける取り組みが広がっている。道内では2021年度、クマによる死傷者が過去最多の14人に上ったほか、22年は12月に入っても札幌市でクマが目撃されている。このため、簡単に設置でき、出没リスクを下げられる電気柵を公営施設などに設置し、事故防止を図る自治体が増加。専門家は「草木が電気線に触れると漏電するため、細かな点検を行わなければ効果が期待できない」と指摘し、生ごみの管理など基本的な対策の徹底も訴えている。（尹順平）

「学校や道の駅など、農地以外で電気柵を使用する例がここ数年で急増した」。電気柵販売のサージミヤワキ（東京都）の神武海営業係長は驚く。同社は4年前、電気線と支柱を一体化させ、設置や回収の手間を通常の電気柵より減らした商品を農業者向けに開発。道内では、経験のない人でも扱いやすいとして、自治体に販売することが多いという。

クマの出没は例年、春から秋に集中するが、活動は冬眠する12月中旬ごろまで続く。札幌市手稲区では12月8日、手稲山の入り口から750メートルの散策路でクマが目撃された。加えて生息域拡大により、以前は出没しなかった場所での目撃やふん、足跡の発見も各地で増えている。こうした現状を受け、巡回よりも人手がかからず、電気ショックによる追い払い効果が大きい電気柵の設置で事故を防ごうとする自治体が増えている。

名寄市営のキャンプ場がある「ふうれん望湖台自然公園」（同市風連町）は22年度から、キャンプ場の周囲1・8キロに電気柵を設置した。同公園では近年、クマの痕跡がほぼ毎年見つかるようになっており、21年度はふんや足跡の発見が相次ぎ、予定より3カ月早い7月下旬で年度内の営業を打ち切った。電気柵を設置した本年度は出没が0件になり、市の担当者は「対策の効果が確認でき、利用者の安心にもつながった。来年以降も同様に設置する方針」と語る。

21年7月に女性がクマに襲われ死亡する事故が起きた渡島管内福島町は、事故直後から、現場近くの町営墓地に電気柵を設置した。町内の他の町営墓地も生息地に近いため、22年には新たに電気柵を購入し、近くで出没があれば墓地の周囲に電気柵を設けられる態勢を整えた。同町産業課は「今後も町民が安心して墓参できる状況をつくりたい」とする。

22年3月に札幌市西区の市街地に近い三角山で冬眠穴の調査中にNPO職員2人が襲われる事故があった札幌市も、公園や河川敷に電気柵を設けて事故防止を図る。隣接する山に生息する個体が確認されている南区の南沢スワン公園では、21年8月から、公園への侵入経路になりかねない場所に電気柵を設け、公園や市街地への出没を防止している。設置以降、公園での出没は確認されていない。

効果維持に点検不可欠

道立総合研究機構の間野勉専門研究員は「電気柵は数あるクマ対策の中でも侵入防止の効果が大きい」と評価。ただ、雑草などが電気線に触れると電圧が下がり、電気ショックの威力が小さくなるため、小まめな点検や管理が不可欠だと指摘する。「電気柵の効果をなくさないためにも、自治体はクマを誘引しかねないごみなどの管理や、利用者へのルール順守の呼びかけも実施してほしい」と強調している。

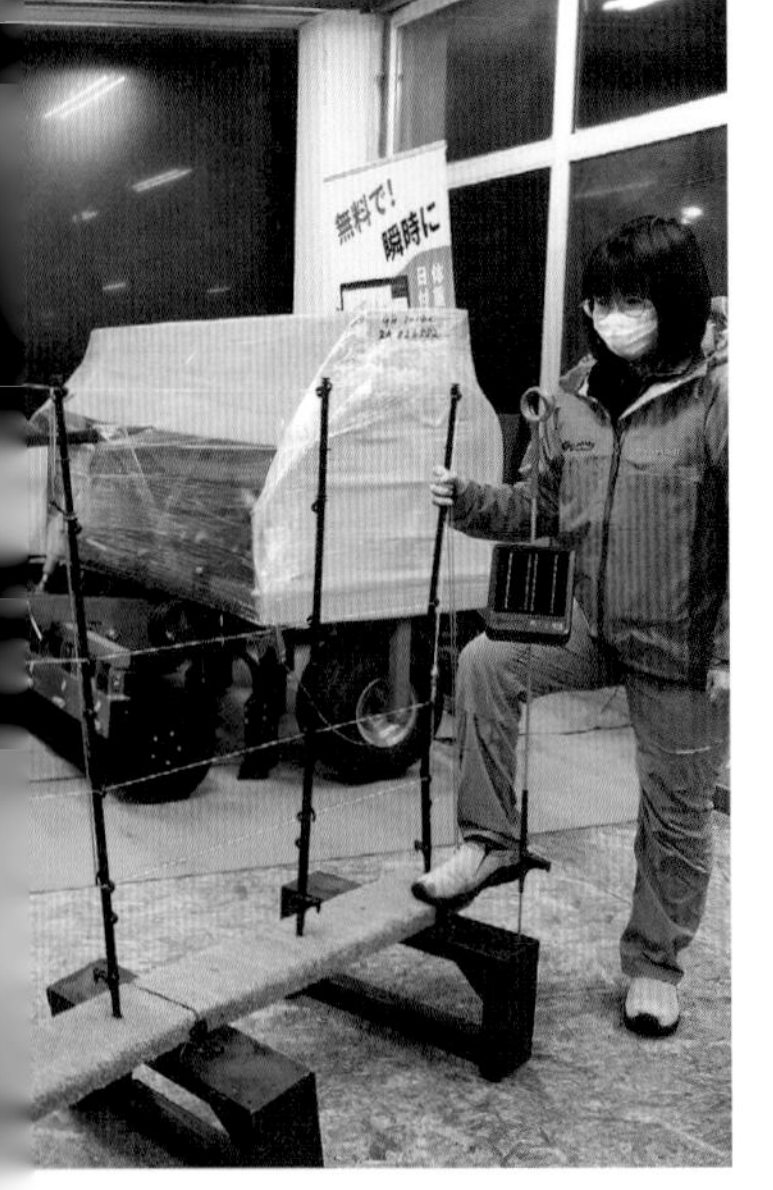

【2022年12月10日掲載】

藻岩山など3山周辺に電気柵検討

札幌市は2023年度、藻岩山（南区、中央区）、三角山（西区）、大倉山（中央区）を生息域とするヒグマの市街地への侵入を防ぎ、奥山に追い払う対策に乗り出す。市は計10頭前後が生息しているとみており、個体ごとに移動経路を調べ、市街地への出入り口となっている場所に重点的に電気柵を設置することを検討する。

ヒグマ対策の電気柵を延長し、高さも引き上げた観光農園「定山渓ファーム」

三つの山や周辺は近年、ヒグマの目撃が相次ぎ、人身事故も起きたが、登山客が多く、銃器を使ったクマの捕獲が難しい上、電気柵を山の裾野全域に設けるのも費用面から現実的ではない。このため市は各個体の行動に応じ、効果的な電気柵の設置場所を検討する必要があると判断した。

23年度の関連事業費は約1千万円の見込み。ハンターの見回りでふんなどの痕跡を調べるほか、体毛を採取する「ヘアトラップ」を増設し、各個体の移動経路を調べる。その上で専門家の意見や過去の出没情報も踏まえ、電気柵の効果的な設置場所を検討する。

効果が見込まれると判断すれば、電気柵を23年度内に数キロ分購入し、クマが頻繁に通る場所に重点設置する。柵周辺には、人工知能（AI）で個体を識別するカメラも設け、行動を監視する。ハンターの見回りは、痕跡調査だけでなく、人間への警戒感をもたせ、市街地に近づきにくくさせる「追い払い効果」もあるという。

市環境局は「新たな対策を講じて市街地周辺の個体数を減らしたい」としており、23年度はヒグマ対策の人員強化も検討する。

三角山では22年3月、登山道近くでヒグマの冬眠穴がみつかり、市の委託の調査員2人が穴から出てきた雌グマに襲われ、重軽傷を負った。同12月31日昼すぎには中央区円山西町の住宅街でクマの目撃情報が相次いだ。

（岩崎志帆）

【2023年1月4日掲載】

電気線と支柱を一体化させ、短時間で設置・回収できるようにした電気柵。道内では自治体が購入することが多い

「ビビビ」？「ドキン！」

ヒグマやシカなど野生動物から畑の作物を守るのにもっとも有効とされているのは電気柵です。触れると電流が流れてビビビッとくるあれです。今のところ、これより優れた方法は見つかっていません。

しかし2023年6月には、札幌市西区の幼稚園敷地内に、電気柵を越えてヒグマが侵入するのを職員が目撃しました。電気柵は、草などが伸びて電線に触れてしまうと、漏電して効果が発揮できないという弱点があります。

効果を維持するには、小まめに草刈りをしたり、防草シートなどを敷いて草との接触を抑える必要があります。広大な敷地に電気柵の設置が向かないのは手間がかかりすぎるからです。中には土を掘って侵入するクマもいるため、完璧に防ぐことは不可能です。

それでもクマたちが電気ショックを嫌がっていることは確かなので、侵入対策に活用していくほかありません。オホーツク管内斜里町ウトロ地区では住宅街をぐるりと電気柵で囲んでいるし、後志管内島牧村は17キロに及ぶ距離に張り巡らしています。同僚記者は、漫画『進撃の巨人』のように、「高い壁に囲まれた範囲内でしか人は生きられなくなるのでは」と冗談めかして心配していました。

今年も目撃があった真駒内公園には、藻岩山から南東方向へ半島のように伸びた通称「軍艦岬」から侵入した可能性が高く、今後もその可能性は否定できません。「この経路をふさぐために電気柵を張る必要がある」と酪農学園大の佐藤教授は指摘しています。

ところで皆さんは、あれに触ったことありますか？　私は学生のころ、知らずにまたごうとして、思いっきりつかんでしまったことがありますが、「ビビビ」というより、心臓に「ドキン！」とものすごい衝撃が走りました。あれは効きました。

クマ対策に「専門人材バンク」

道、専門家を派遣

ヒグマによる被害が相次ぐ中、道が2022年に創設した「ヒグマ専門人材バンク」の活用を本格化させている。上川管内幌加内町の朱鞠内湖で起きた死亡事故でも、バンクに登録したNPO法人代表が現地に赴き、早期の被害把握と駆除につなげた。（伊藤友佳子）

「朱鞠内湖で釣り人の男性が行方不明。ヒグマに襲われた可能性がある」。23年5月14日、衝撃的な一報が道ヒグマ対策室にもたらされた。上川総合振興局から要請を受けた対策室は、

人材バンクに登録のNPO法人「もりねっと北海道」（旭川）の山本牧代表に出動を依頼。山本さんは翌15日早朝に現地に着いた。

この日は天候不良で道警のヘリは飛べなかった。幌加内町が捜索隊を編成したが、いきなり現場に入ればヒグマの二次被害に遭う恐れがあった。山本さんの提案で、まずドローンで安全を確認した後、活動を始め、同日午後に遺体の一部を発見、ヒグマも駆除した。

山本さんの助言で、現場の保存に慎重を期し、複数の足跡を採取した。上川総合振興局は「専門家の視点によるアイデアで早期に対応できた」と振り返る。

道のヒグマ専門人材バンクの派遣実績

年度	時期	派遣先	被害・情報	主な支援内容
2022年度	9、11月	砂川市	道立公園「北海道子どもの国」でヒグマが出没した	電気柵や監視カメラ設置の助言、痕跡の捜索
2022年度	9月～	釧路管内標茶町、厚岸町	放牧地で乳牛が襲われる被害が多発	牛を襲ったとみられる雄グマ「オソ18」対策。冬眠先の特定や駆除の助言
23年度	5月12、13日	宗谷管内枝幸町	遡上（そじょう）するサケを求めて川近くの民家周辺に出没した	電気柵設置や駆除の助言
23年度	15日	上川管内幌加内町	朱鞠内湖の湖岸で釣り客がヒグマに襲撃された	捜索活動への助言や痕跡調査
23年度	25日	室蘭市	市街地で出没が相次いだ	侵入経路の検証や安全確保策

朱鞠内湖の事故現場周辺でヒグマの足跡を探す「もりねっと北海道」の山本牧代表＝5月15日午後、上川管内幌加内町（上川総合振興局提供）

研究者ら11組登録

ヒグマ専門人材バンクは22年8月に道が独自に創設した制度で、「捕獲」「防除」「探索」「現場検証」「生態」の5分野に精通した個人と団体11組を登録する。個人は北大大学院獣医学研究院の坪田敏男教授や酪農学園大の佐藤喜和教授、知床財団の山中正実特別研究員ら研究者とフィールドワークの専門家。団体はエンビジョン環境保全事務所（札幌市）、南知床・ヒグマ情報センター（標津町）の両NPOに加え、ドローンや電気柵、監視カメラなどを扱う獣害対策の関連企業3社。道は派遣時に謝礼と交通費を支払い、22年度と23年度の予算にそれぞれ事業費300万円を計上した。市町村などの要請を受け、求められる対応に応じて人材を選んで派遣する。

派遣実績は1年目の22年度が2件、23年度は5月24日時点で3件。25日には室蘭市に市街地対策の経験が豊富な札幌のNPO法人を派遣し、4件目となる。

バンク創設の発端は19年、標茶、厚岸両町で放牧牛を襲うヒグマ「オソ18」の出現だった。両町から相談を受け、21年に道立総合研究機構の職員を紹介したことが原点となった。

道は1990年代以降、残雪期の親子グマや冬眠中の個体の捕獲を禁じるなど駆除の規制を強化。これに伴う形でヒグマの生息域は拡大し、クマと縁の薄かった地域も出没が増えた。

道の対策室の武田忠義主幹は専門人材派遣の狙いを「ノウハウの少ない市町村もヒグマ対策を迫られるようになった。問題が再発した際の対応力を地元の自治体に身に付けてもらえる」と話す。

【2023年5月25日掲載】

ヒグマ対策を自分事として

ヒグマを含め、野生鳥獣の対応は原則、市町村の仕事です。しかし、クマの出没対応をしたことが一度もない、という自治体は実は結構あるんです。これは私も意外でしたが、道の市街地出没訓練を取材時、「対応したことがない」という自治体職員の声が複数あがり、びっくりしました。そのため、道は2022年度から、クマ対応の専門家を派遣する事業を始めました。出没対応や痕跡調査、事故現場の検証などでアドバイスしてくれる心強い存在です。

しかし、今後増え続けるであろう野生鳥獣との問題に対応していくには専門人材の育成が急務です。危機感を抱いた大学教員たちは、全国共通のカリキュラムを作成して野生動物の基礎知識を学び、現場対応もできる即戦力の育成に取り組み始めました。社会人の「学び直し」にも対応しており、退職後のセカンドキャリアとしてもニーズは高まりそうです。

道は23年春の残雪期に、長年規制してきた冬眠中や親子連れのヒグマの許可捕獲を解禁しました。人里近くに限ったもので、捕獲していい頭数にも制限を設けています。

結果は、冬眠中を狙った「穴狩り」はゼロで、親子連れもわずか1頭ずつにとどまりました。春グマ駆除を禁止してから30年余りが経過したため、経験者が道内にほとんど残っておらず、技術の継承ができていないことが要因のひとつです。そのため、捕獲に関わる規制を緩和しても実効性が伴わないというのが実情だと私は捉えています。

ではどうすればいいのか。捕獲の担い手がいないのなら、育てるしかありません。銃の所持や発砲に関わる規制の緩和も必要でしょう。山の中で趣味で行う「狩猟」と、農地や市街地周辺で行う「駆除」とを分けて規制する法改正も不可欠です。

どうしたら野生鳥獣の被害から人の生活を守れるのか。今われわれは、真剣に「自分事」として捉え、取り組む必要があります。こうした制度を変えるには、政治の力が要ります。23年7月には、専門家らでつくる「ヒグマの会」が、さまざまな改革案を盛り込んだ提言書を知事に手渡しました。

皆さん一人一人の声も、政治を動かす原動力です。クマによる農業被害に困り、出没におびえて暮らす道民はたくさんいます。人とヒグマが互いに干渉せず、ストレスなく暮らせる北海道の実現のために、一緒に声をあげませんか?

おわりに

転換期のヒグマ対策

データ積み重ね、共生の道探れ

転換期に差し掛かったヒグマ対策。道民はどんな心構えをすればいいのか。
専門家２人とクマ担当記者が語り合った。
（司会／北海道新聞報道センター・岩崎志帆）

——最近驚いた事件からお聞かせください。

佐藤　やはり東区の事件には驚きました。その日は知床にいて、テレビのニュースで知りました。最初は何が起こっているのか全く分かりませんでした。これまではずっと、札幌市内の西から南にかけての森から市街地に出てくるケースがほとんどだったので、完全に背後からやられた感じです。事前の情報で茨戸川緑地などでの出没が伝えられてはいましたが、すぐに情報がなくなっていたので、山に戻ったのかなと思っていました。

下鶴　私も最初は何かの間違いだろうと思いました。本当にびっくりしましたね。

私が直接関わった中で印象深いのは羅臼のRTと呼ばれた飼い犬ばかり襲い続けた個体です。実は名付け親でもあるんです。標茶のOSO（オソ18）もそうですが、こういう広域の事件はなかなかすぐには解決しません。私たち研究者は、痕跡などを調べて「ここにいたぞ」というのは分かりますが、次にどこに出るかまでは分かりません。

内山　私は三角山の母子グマの事件ですね。少し前に冬眠穴らしき穴が見つかり、市役所の担当者に何度も本当に違うのかと確認していました。それがかえってこんな事件を引き起こしてしまったのでは……と責任を勝手に感じておりました。こんなに身近で子育てしてしまっているという事実にも衝撃を受けました。

佐藤喜和さん（さとう・よしかず）
酪農学園大教授。道や札幌市のヒグマ管理計画の検討委員を務める。専門は野生動物生態学で、札幌市内と十勝管内浦幌町を拠点にヒグマの生息状況調査を長年続ける。北大ヒグマ研究グループのＯＢでもある。

佐藤　あの辺りで冬眠している可能性があるという情報は以前からありましたが、実際に出てみると驚きでした。

下鶴　繁殖までしているというのも衝撃的でしたね。

——穴に残されていたはずの2頭の子グマはどうなったのでしょうか？

下鶴　詳しいことは分かりませんが、生後2カ月ほどだとすれば、母乳だけで育つ時期なので、母グマなしで生き延びるのは難しいでしょう。この一件で、私たち調査する側も気持ちを引き締め直さなくてはと思いました。

佐藤　これだけ近くにいるということがはっきりすると、住民の安全を守る立場の行政側にとっては、さらに踏み込んだ対策を打つべき時期にきているんだなと。

——市街地出没を防ぐにはどんな対策が有効でしょうか。

下鶴　そもそもクマが出てきにくい環境づくりをすること。クマが近くにいることを前提にした対策を取らなくてはなりません。川や公園など、現在の札幌は、クマが隠れて移動しやすい自然豊かな環境になっている。

それに対して、草刈りなどの市民レベルの動きも出てきました。

佐藤　ただ、東区のような事例では、市民の草刈りなどでは対応しきれません。河川や緑地を管理する行政部門が広域的に連携して、生物多様性を維持しつつ、クマは入らせないような環境をつくるべきです。

　地域防災の視点でクマ対策を考える自治体も出てきましたが、クマも災害の一つとして、侵入されにくいマチづくりを考えるべきです。さらに今後は、出没の同時多発化が予想されます。その時に、現在の体制では対応しきれない。それを防ぐには、積極的な追い払いや捕獲を進めて、市街地に近い森の生息密度を低くする必要がある。これまでは問題を起こした個体だけを捕獲するという考え方でしたが、人へのリスクが大きい人里近くは、クマにとって暮らしにくい場所にしていくべきでしょう。

内山　札幌市も生息域のゾーニングは見直したものの、まだ実際の対策はできていません。

佐藤　市街地にハンターが出動する場合は、市民の理解がなければやりにくい。狩猟の現場を担う人が仕事をしやすい環境をつくっていく必要もあります。

内山　記者の立場としては、相手を知ることがまず大事だと感じます。いつまでも得体の知れないものと捉えていては有効な対策も打てません。道民が正しいクマ知識を身に付けることが、市街地への出没を防ぐことにもつながると考えています。

――ところでヒグマの行動で好きなものを教えてください。

内山　背こすりです。以前もクマ牧場などで見たことはあったのですが、実際に山で親子の行動を見ていると、「これが大好きなんだよ…」といわんばかりに興奮気味に背中を幹にこすりつけています。そのかわいらしい姿を見ていると「クマって素敵な生き物だなあ」と感じます。

下鶴　背こすりは動物間のコミュニケーションに欠かせない行動です。木に体の匂いを付けて、個体や性別を識別していると考えられています。もちろんそれだけでなく、ただその行為が「好き」という部分もあるのかなという気がします。

佐藤　わが子の成長を見つめる母グマの眼差しがいいですね。子が1歳を過ぎると母子の距離が徐々に広がってくるのですが、それでも子を心配して振り返った時の母グマの目を見ると愛情深さを感じます。

下鶴　私は知床でフィールドワークをしていますが、ふんはDNA解析や行動分析の重要な手がかりです。クマは歩きながらふんをすることが多く、その瞬間が近づくと尻尾が段々上がってきます。そして実際にふんをすると、待ち望んでいた研

下鶴倫人さん（しもづる・みちと）
北大大学院獣医学研究院准教授。獣医師として、知床におけるヒグマの血縁関係の解明や、クマ類が冬眠中に筋力が落ちない生理の研究に取り組む。ヒグマの会会長である坪田敏男教授の研究室の右腕で、次代を担う若手研究者。

おわりに　転換期のヒグマ対策

データ積み重ね、共生の道探れ

〈道新デジタル発〉

究チームの中から「おー」と歓声が上がります（笑）。これを私は念力脱糞法と呼び、学生たちに自慢しています。

——どれぐらいの頻度でふんをするのですか？

正確なことは分かりませんが、基本は草食なので、1時間に一度ぐらいはしているのではないかと思います。ふんがジグザグと落ちていた時などは、お尻をフリフリ歩いていたんだなと想像してしまいますよね。

——今後のヒグマとの付き合い方はどうしていけばいいでしょうか。

内山　北海道新聞は全道各地に記者がいて、最近はヒグマの記事を書く機会が増えています。地域ごとの行動パターンやヒグマの習性についての正確な情報を積み重ねることで、記者自身もヒグマに関する知識をレベルアップしていければと思っています。もう一つは、市街地での死亡事故が絶対に起こらないでほしい、起こさせないぞ、という気持ちです。

佐藤　最近はヒグマの生息数が増えてきて、絶滅が心配される状況ではなくなってきました。種の保全は誰もが願うことですが、現在のように数を減らさなければならない段階になってくると、問題を起こす個体を駆除したり、そもそも問題を起こすクマを生み出さないように、クマへのアプローチや、人間の行動を変えていくことが大事になってきます。

問題を起こす個体がなぜ生まれてしまうのかや、実際にどのような問題を起こしたかについての分析や評価が十分にできないまま、この転換期を迎えてしまった感じがします。今後、単に全体の数を減らせば問題は解決するだろうという考え方しかできないとすれば、研究者の立場としては悔しい思いが残ります。

研究者や行政の担当者がもっと現場に入って、問題個体の行動分析を積み重ねていくことで、データに基づいた対策が取れるようになるはずです。そのためには、各振興局に専門的な知識を持つ人材を配置したり、市町村の担当者が日頃から情報交換を重ねていくことが欠かせません。それによって、ヒグマは山にいて、同時に人間の安全も守られるという状況をつくっていきたい。

下鶴　これだけ切迫した状況になってくると、全部殺してしまえとか、単にクマの命を守れというような極端で感情的な意見が目立つようになります。だからこそ、研究者やメディアが冷静に背景を伝えることが大切になってくると思います。ヒグマは北海道の生態系にとってなくてはならない存在なのですから。

内山岳志（うちやま・たけし）

北海道新聞記者。札幌本社の報道センターに異動した2018年以降、クマの問題が顕在化したため、初代「ヒグマ担当記者」（通称・クマ担）としてヒグマ問題を追う。野生動物取材の重要性や面白さを後輩記者に押し売り中。

（2023年7月12日、北海道新聞社で）

【編著者紹介】

内山岳志（うちやま・たけし）

1978年横浜市出身。北海道大学大学院工学研究院環境工学科で廃棄物管理工学を専攻。2004年北海道新聞社入社。本社編集局報道本部を振り出しに、中標津支局では世界自然遺産・知床や野付半島などで自然環境をテーマに取材。本社報道センター異動後は6年にわたりヒグマなどのネイチャー系や新型コロナウイルス取材などを担当。23年春から東京報道センター。週末はバスケットと山歩きでストレス発散中。

北海道新聞社（ほっかいどうしんぶんしゃ）

北海道を中心に約83万部を発行するブロック紙。1887年（明治20年）、ルーツ紙の一つ「北海新聞」が札幌で創業。1942年（昭和17年）、道内11紙を統合し「北海道新聞」創刊。札幌に本社、東京・大阪を含む道内外に11支社があり、取材拠点は、道内に総支局38カ所、海外駐在はワシントン、ロンドン、ユジノサハリンスクなど6カ所ある。

＊本書は、2019年11月から23年8月に「北海道新聞」に掲載されたヒグマ関連記事の一部に加筆、修正し再構成したものです。記事の末尾に掲載日を記しました。年齢、肩書きなどは原則として掲載当時のものです。

写真　編集局写真映像部
図版　編集局編集センター デザイン班
編集　仮屋志郎（事業局出版センター）
グラフィック（P4−5ほか）　斉藤奈津子（編集センター デザイン班）
ブックデザイン　佐々木正男（佐々木デザイン事務所）

春期管理捕獲でクマを追うハンター。手前がクマのものとみられる足跡＝2023年3月26日、根室管内標津町

ヒグマは見ている　道新クマ担記者が追う

2023年9月22日　初版第1刷発行
著　者　内山岳志（うちやまたけし）
編　者　北海道新聞社
発行者　近藤　浩
発行所　北海道新聞社
〒060−8711　札幌市中央区大通西3丁目6
出版センター
（編集）電話011−210−5742
（営業）電話011−210−5744
印刷　中西印刷株式会社
製本　石田製本株式会社
乱丁・落丁本は出版センター（営業）にご連絡くださればお取り換えいたします。
ISBN978-4-86721-110-6